U0348688

农业主要外来入侵植物图谱

（第二辑）

◎ 付卫东　张国良　等 著

中国农业科学技术出版社

图书在版编目（CIP）数据

农业主要外来入侵植物图谱. 第二辑 / 付卫东等著 . -- 北京：中国农业科学技术出版社，2021.12

ISBN 978-7-5116-5609-4

Ⅰ . ①农… Ⅱ . ①付… Ⅲ . ①作物—外来入侵植物—中国—图谱 Ⅳ . ① S45-64

中国版本图书馆 CIP 数据核字（2021）第 259645 号

责任编辑	崔改泵　马维玲	
责任校对	马广洋	
责任印制	姜义伟　王思文	
出 版 者	中国农业科学技术出版社	
	北京市中关村南大街 12 号　邮编：100081	
电　　话	（010）82109194（编辑室）（010）82109702（发行部）	
	（010）82109702（读者服务部）	
传　　真	（010）82109194	
网　　址	http://www.castp.cn	
经 销 者	各地新华书店	
印 刷 者	北京尚唐印刷包装有限公司	
开　　本	105 mm×148 mm　1 /64	
印　　张	5	
字　　数	155 千字	
版　　次	2021 年 12 月第 1 版　2021 年 12 月第 1 次印刷	
定　　价	98.00 元	

内 容 提 要

　　《农业主要外来入侵植物图谱》包括农业部（现农业农村部）发布的《国家重点管理外来入侵物种（第一批）》、农业农村部和海关总署联合发布的《中华人民共和国进境植物检疫性有害生物名录》、环境保护部（现生态环境部）发布的《中国外来入侵物种名单》中的外来入侵植物，以及近年来危害我国农业生产和自然生态环境较为严重，同时也是公众关注的外来入侵植物。

　　本辑50种外来入侵植物包括菊科11种，豆科7种，柳叶菜科6种，茄科5种，大戟科5种，旋花科3种，十字花科2种，马鞭草科2种以及其他9种。每个物种基本按照植物全生育期形态特征排列。以入侵植物的全株、根、茎、叶、花、果实、种子以及群落照片为主，辅以文字描述。为了便于使用者在野外调查工作时进行物种之间的鉴别，将主要入侵植物的近似种，按照相似的生长环境、形态特征、花期和果期列出，尽量把它们放在一起描述。最后重点注明容易混淆的植物特征。

本书中照片来自著者及其团队成员多年野外调研拍摄资料。由于掌握资料有限，形态描述和物种之间的比较，难免存在不足和疏漏之处，恳请广大使用者指正、反馈，便于修正后续分辑。

本书在撰写过程中得到农业农村部科技教育司、农业农村部农业生态与资源保护总站等单位的大力支持，在此表示衷心感谢！

本书由农作物病虫害鼠害疫情监测与防治2020—2021政府采购项目和国家重点研发计划（2021YFD1400300）项目资助出版。

著　者

2021年9月

《农业主要外来入侵植物图谱》
（第二辑）
著 者 名 单

付卫东　　张国良　　王忠辉

宋　振　高金会　　王　伊

前　言

　　外来入侵物种防控是维护国家生物安全的重要内容，外来物种入侵与全球气候变化并列为当今两大全球性环境问题。我国外来物种入侵形势严峻，目前已初步确认外来入侵植物 400 多种，已经对我国农业生产与生态环境造成了巨大破坏。不但影响生物多样性还严重威胁人类健康，并且造成极大的经济损失。由于外来入侵植物空间分布、扩散途径及危害程度等相关基础信息严重匮乏，对其科学有效预防与控制成为难点。掌握第一手资料，做好本底调查，明确每一种外来入侵植物的入侵途径、扩散传播特征、危害程度等，是科学预防与控制外来入侵植物的基础。

　　《农业主要外来入侵植物图谱》系列丛书，是一套口袋书形式的实用工具书，方便携带，可为基层农业技术人员快速识别田间入侵植物，开展调查工作提供基础支撑。本书使用的所有照片，均来自著者及其团队成员野外调研拍摄，由于掌握文献资料有限，难免有不足之处，恳请读者和使用者提出宝贵意见并指正。

著　者

2021 年 9 月

目　　录

1 牛膝菊

【学名】牛膝菊 *Galinsoga parviflora* Cav. 隶属菊科 Asteraceae 牛膝菊属 *Galinsoga*（图 1.1）。

【别名】辣子草、小米菊、向阳花。

【起源】南美洲。

【分布】中国分布于黑龙江、吉林、辽宁、内蒙古 *、北京、天津、河北、山西、河南、山东、陕西、河南、上海、江苏、安徽、浙江、江西、湖北、湖南、福建、广

图 1.1 牛膝菊植株（①王忠辉 摄，②付卫东 摄）

---

* 内蒙古自治区简称内蒙古。全书中出现的自治区均用简称。

东、广西、海南、四川、云南、贵州、西藏、甘肃及新疆等地。

【入侵时间】1914 年首次在云南采集到该物种标本。

【入侵生境】喜肥沃而湿润的土壤，对环境的适应性很强，生长于草坪、绿化带、路边、住宅旁、河边、河谷地、荒野、疏林、果园、农田或蔬菜地等生境。

【形态特征】一年生草本植物，植株高 10 ～ 80 cm。

根 根短细，须根状弯曲，淡黄棕色（图 1.2）。

图 1.2　牛膝菊根（付卫东　摄）

茎 茎纤细，基部直径不足 1 mm；或粗壮，基部直径约 4 mm；茎单一或于下部分枝，分枝斜伸，被柔毛状伏毛，嫩茎更密，并混有少量腺毛，茎中下部毛渐疏（图 1.3）。

图 1.3 牛膝菊茎（付卫东 摄）

叶 叶对生；具柄，柄长 1～2 cm，于茎顶端柄渐短至近无柄，被长柔毛状伏毛；叶片卵形、卵状披针形至披针形，长 1.5～5.5 cm，宽 1.2～3.5 cm；基部圆形、宽楔形至楔形，顶端渐尖或钝，基出 3 脉或不明显 5 脉，边缘浅或钝锯齿或波状浅锯齿，齿尖具胼胝体；叶片两面被长柔毛状伏毛，于叶脉处较密（图 1.4）。

图 1.4 牛膝菊叶（付卫东 摄）

花 头状花序，有长梗，排成疏松的伞房花序，花序梗长 5 ～ 15 mm；总苞半球形或宽钟状，直径 3 ～ 6 mm；舌状花 4 ～ 5 枚，舌片白色，顶端 3 齿裂，筒部细管状，外面被稠密白色短柔毛；管状花花冠长约 1 mm，黄色，先端 5 裂，下部被稠密的白色短柔毛；冠毛线形，长 1 ～ 3 mm，较花冠筒为长，边缘流苏状，固着在冠毛环上（图 1.5）。

图 1.5　牛膝菊花（付卫东　摄）

1 牛膝菊

果 瘦果楔形，黑色或黑褐色，压扁，长 1 ～ 1.5 mm，具 3 ～ 5 棱（图 1.6）。

图 1.6 牛膝菊果（付卫东 摄）

【**主要危害**】危害秋收作物（玉米、大豆、甘薯、甘蔗等）、蔬菜、果树、茶树及绿化地，发生量大，危害重（图1.7）。

【**控制措施**】加强检疫。可以选择2甲4氯等除草剂防除。

1 牛膝菊

图 1.7　牛膝菊危害（①②③④付卫东 摄，⑤⑥王忠辉 摄）

2 粗毛牛膝菊

【学名】粗毛牛膝菊 *Galinsoga quadriradiata* Ruiz et Pav. 隶属菊科 Asteraceae 牛膝菊属 *Galinsoga*。

【别名】睫毛牛膝菊、粗毛辣子草、粗毛小米菊、珍珠菊。

【起源】中美洲、南美洲。

【分布】中国分布于黑龙江、辽宁、陕西、安徽、浙江、江苏、上海、江西、湖北、贵州、云南及台湾。

【入侵时间】《中国植物志》（1979 年版）有记载。20 世纪中叶随园艺植物引种进入，1943 年首次在四川成都采集到该物种标本。

【入侵生境】生长于农田、果园、绿化带、溪间、河谷地、林下、荒野、河边或市郊路旁等生境。

图 2.1　粗毛牛膝菊植株
（付卫东　摄）

【形态特征】一年生草本植物，植株高 10 ～ 80 cm（图 2.1）。

2 粗毛牛膝菊

根 根系分布于 20 ~ 30 cm 的表土层，近地表的茎及茎节均可长出不定根（图 2.2）。

图 2.2 粗毛牛膝菊根（付卫东 摄）

茎 茎直立，纤细不分枝或自茎部分枝，分枝斜升，主茎节间短，侧枝发生于叶腋间，茎密被展开的长柔毛，而茎顶和花序轴被少量腺毛，每片叶的叶腋间可发生1条以上的侧枝（图2.3）。

图2.3 粗毛牛膝菊茎（付卫东 摄）

🍃叶 叶对生；卵形或长椭圆状卵形，长 2.5 ～ 5.5 cm，宽 1.2 ～ 3.5 cm；基部圆形、宽或狭楔形，顶端渐尖或钝；叶两面被长柔毛，边缘有粗锯齿或犬齿（图 2.4）。

图 2.4　粗毛牛膝菊叶（付卫东　摄）

花 头状花序，半球形，排列成伞房花序于茎顶端；舌状花5枚，雌性，舌片白色，顶端3齿裂，筒部细管状，外面被稠密白色短毛；管状花黄色，两性，顶端5齿裂，冠毛（萼片）先端具钻形尖头，短于花冠筒；托片膜质，披针形，边缘具不等长纤毛（图2.5）。

图 2.5　粗毛牛膝菊花（付卫东　摄）

果 瘦果黑色或黑褐色，被白色微毛（图2.6）。

图 2.6　粗毛牛膝菊果（付卫东　摄）

2 粗毛牛膝菊

牛膝菊和粗毛牛膝菊的形态特征比较表

特征	牛膝菊	粗毛牛膝菊
生物型	一年生草本植物	一年生草本植物
根	根短细，须根状弯曲，淡黄棕色	近地表的茎及茎节均可长出不定根
茎	茎细弱，有稀疏的短柔毛，花期基部或下部茎毛脱落	茎较粗，被稠密的长柔毛
叶	叶边缘有钝锯齿或波状浅锯齿	叶边缘有粗锯齿或犬齿
总苞	总苞较小，总苞片通常无毛，果期宿存	总苞较大，总苞片常有少量腺毛，果期脱落
舌状花	小，长 0.5～1.5 mm	大，长 1～2.5 mm
果	舌状花结的果实，冠毛常缺失，管状花结的果实，冠毛灰色、线形、边缘流苏状、顶端钝	舌状花结的果实有冠毛，管状花结的果实冠毛白色、披针形或倒披针形、边缘流苏状、顶端具芒
瘦果	瘦果黑色或黑褐色，具3～5棱	瘦果黑色或黑褐色，被白色微毛

【主要危害】危害秋收作物（玉米、大豆、甘薯、甘蔗等）、蔬菜、观赏花卉、果树及茶树，发生量大，危害重。粗毛膝菊能产生大量种子，在适宜的环境条件下快速扩增，在入侵地排挤本土植物，形成大面积的单一优势种群落（图 2.7）。

图 2.7 粗毛牛膝菊危害（①②③付卫东 摄，④王忠辉 摄）

【控制措施】翻耕、轮作可以降低粗毛牛膝菊种子萌发率。幼苗期可以选择扑草净、敌草隆、西玛津等除草剂防除；生长期可以选择2甲4氯、苯达松等除草剂防除。

3 大狼杷草

图 3.1　大狼杷草植株
（①张国良 摄，②付卫东 摄）

【学名】大狼杷草 *Bidens fron-dosa* L. 隶属菊科 Asteraceae 鬼针草属 *Bidens*。

【别名】接力草、外国脱力草。

【起源】北美洲。

【分布】中国分布于北京、黑龙江、吉林、辽宁、河北、上海、安徽、江苏、浙江、广西、江西、湖南、重庆、贵州、云南及甘肃。

【入侵时间】1926 年首次在江苏采集到该物种标本。

【入侵生境】生长于荒地、路边或沟边等生境，低洼的水湿处和稻田田埂上生长更多。

【形态特征】一年生草本植物，植株高 20 ～ 120 cm（图 3.1）。

茎 茎直立，略呈四棱形，上部多分枝，被疏毛或无毛，常带紫色；幼时节及节间分别被长柔毛及短柔毛（图 3.2）。

图 3.2　大狼杷草茎（付卫东 摄）

3 大狼杷草

叶 叶对生；一回羽状复叶，小叶3～5枚，披针形，先端渐尖，边缘有粗锯齿（图3.3）。

图3.3 大狼杷草叶（①张国良 摄，②③付卫东 摄）

花 头状花序，单生茎端和枝端；外层苞片通常8枚，披针形或匙状倒披针形，叶状，内层苞片长圆形，膜质，具淡黄色边缘；无舌状花或极不明显；筒状花两性，5裂（图3.4）。

图3.4　大狼杷草花（付卫东 摄）

果 瘦果矩圆状或倒卵状楔形，扁平，近顶部最宽，基部平截，长5.5～9 mm，宽2.1～2.5 mm，顶端芒刺2枚，有倒刺毛。

大狼杷草和狼杷草的形态特征比较表

特征	大狼杷草	狼杷草
生活型	一年生草本植物	一年生草本植物
茎	略呈四棱形，被疏毛或无毛，常带紫色	微有棱，绿色或暗紫色，无毛，常有不定根

3 大狼杷草

特征	大狼杷草	狼杷草
叶	叶对生；一回羽状复叶，小叶3～5枚，披针形，先端渐尖，边缘有粗锯齿	叶对生，下部叶不裂，具锯齿；中部叶柄长0.8～2.5 cm，有窄翅，叶无毛或下面有极稀硬毛，长4～13 cm，长椭圆状披针形，3～5深裂，两侧裂片披针形或窄披针形，长3～7 cm，顶生裂片披针形或长椭圆状披针形，长5～11 cm；上部叶披针形，3裂或不裂
花	头状花序，单生茎端和枝端；外层苞片披针形或匙状倒披针形，叶状，内层苞片长圆形，膜质；无舌状花或极不明显，筒状花两性，5裂	头状花序，单生茎端和枝端，直径1～3 cm，高1～1.5 cm；总苞盘状，外层总苞片5～9枚，线形或匙状倒披针形，长1～3.5 cm，叶状，内层苞片长椭圆形或卵状披针形，长6～9 mm，膜质，褐色，具透明或淡黄色边缘
果	瘦果扁平，狭楔形，顶端芒刺2枚，有倒刺毛	瘦果扁平，楔形或倒卵状楔形，长0.6～1.1 cm，边缘有倒刺毛，顶端芒刺2枚，稀3～4，两侧有倒刺毛

【主要危害】常入侵农田，大量发生，但一般情况下发生量小，危害轻。

【控制措施】精选良种。可以选择2甲4氯、氯氟吡氧乙酸、苄嘧磺隆等除草剂防除。

4 白花鬼针草

【学名】白花鬼针草 *Bidens alba* (L.) DC. 隶属菊科 Asteraceae 鬼针草属 *Bidens*。

【别名】金杯银盏、金盏银盆。

【起源】美洲热带地区。

【分布】中国分布于浙江、福建、广西、广东、海南、湖南、四川、重庆、云南、贵州及西藏等地。

【入侵时间】《中华本草》有记载。

【入侵生境】生长于路边、林地、农田、草地、旱作物地、果园、住宅旁、弃荒地或旱地等生境。

【形态特征】一年生草本植物，植株高 30～100 cm（图4.1）。

图 4.1 白花鬼针草植株
（王忠辉 摄）

根 根粗壮，有须根（图 4.2）。

图 4.2　白花鬼针草根（付卫东 摄）

茎 茎直立，钝四棱形，无毛或上部被极稀的柔毛（图4.3）。

图4.3 白花鬼针草茎（①付卫东 摄，②张国良 摄）

叶 下部叶3裂或不分裂；中部叶具柄，三出，小叶3枚，椭圆形或卵状椭圆形，先端锐尖，基部近圆形或阔楔形，不对称，边缘具锯齿（图4.4）。

图4.4 白花鬼针草叶（①王忠辉 摄，②付卫东 摄）

4 白花鬼针草

花 头状花序有长 1 ～ 6 cm（果时长 3 ～ 10 cm）的花序梗；总苞苞片 7 ～ 8 枚，条状匙形，外层托片披针形，内层条状披针形；舌状花 5 ～ 7 枚，舌片椭圆状倒卵形，白色，长 5 ～ 8 mm，宽 3.5 ～ 5 mm，先端钝或有缺刻；盘花筒状，长约 4.5 mm，冠檐 5 齿裂（图 4.5）。

图 4.5　白花鬼针草花（付卫东　摄）

果 瘦果条形，黑色，长 7 ~ 13 mm，先端芒刺 3 ~ 4 枚，长 1.5 ~ 2.5 mm，具倒刺毛（图 4.6）。

图 4.6　白花鬼针草果（付卫东　摄）

【**主要危害**】旱作物田、果园杂草，易入侵番薯、花生及大豆等农田，以及郁闭度不高的果园、林地和草地等，造成土壤肥力下降，农作物减产。繁殖能力强，并且具有化感作用，对伴生植物具有抑制作用，能显著降低生物多样性（图 4.7）。

图 4.7　白花鬼针草入侵河岸（张国良　摄）

【控制措施】白花鬼针草以种子传播为主，最主要的防治方法是在开花前通过机械或人工除草，在一定程度上可以减少危害。还可以选择氟磺草醚、草甘膦、苄嘧磺隆、甲磺隆等除草剂防除大面积发生的白花鬼针草（图4.8）。

图 4.8　白花鬼针草入侵荒地和路边
（①张国良 摄，②③④付卫东 摄）

5 线叶金鸡菊

【学名】线叶金鸡菊 Coreopsis lanceolata L. 隶属菊科 Asteraceae 金鸡菊属 Coreopsis。

【别名】剑叶金鸡菊、大金鸡菊。

【起源】北美洲。

【分布】中国分布于北京、天津、河北、山西、上海、江苏、安徽、福建、浙江、山东、河南、湖北、湖南、江西、广东、广西、海南、重庆、四川、贵州、云南及陕西。

【入侵时间】引种到华东地区而逸生，1909 年首次在上海采集到该物种标本。

【入侵生境】喜疏松湿润土壤，开阔地。常生长于山地荒坡、沟坡、林间空地及沿海沙地等生境。

【形态特征】多年生草本植物，植株高 30～70 cm（图 5.1）。

图 5.1　线叶金鸡菊植株（付卫东 摄）

根 纺锤状根。

茎 茎直立，全株疏生长毛，上部有分枝（图 5.2）。

图 5.2　线叶金鸡菊茎（付卫东　摄）

叶 叶多簇生基部；茎上叶对生，向上渐小，长圆匙形、披针形或线形，顶端稍钝，全缘或基部每侧有1～2小裂片，裂片线状披针形；顶端裂片长5～8 cm，宽1～1.5 cm，顶端圆钝，基部狭窄，柄长5～9 cm（图5.3）。

图5.3 线叶金鸡菊叶（付卫东 摄）

花 头状花序，生于茎端，单生或排成松散的圆锥花序，直径 4～6 cm，有长梗；总苞片 2 层，每层 8 片，花序托平坦，有膜质鳞片；外层总苞片与内层近等长，椭圆状披针形，内层总苞片边缘略带白色；舌状花 1 层，不育或少有发育；管状花黄色，长 1.5～2.5 mm，顶端有 4～5 齿（图 5.4）。

图 5.4　线叶金鸡菊花（付卫东 摄）

5 线叶金鸡菊

【果】瘦果圆形或椭圆形，扁平或内弯，通常有翅，长 2.5 ~ 3 mm，无冠毛。

【主要危害】路边及荒野杂草，影响景观和森林恢复（图 5.5）。

图 5.5　线叶金鸡菊危害路边（付卫东　摄）

【控制措施】禁止引种该物种于开阔地、公路及铁路沿线。发现逸生植株应及时清除。

6 香丝草

【学名】香丝草 *Conyza bonariensis*（L.）Crong. 隶属菊科 Asteraceae 白酒草属 *Conyza*（图 6.1）。

【别名】野塘蒿、灰绿白酒草、美洲假蓬。

【起源】南美洲。

【分布】中国分布于河北、河南、陕西、安徽、江苏、上海、浙江、江西、湖北、广东、云南、重庆、香港及

图 6.1 香丝草植株（付卫东 摄）

台湾。

【入侵时间】1857 年首次在中国香港采集到该物种标本，不久扩散到广东和上海，1887 年在重庆采集到该物种标本。

【入侵生境】生长于荒地、田边或路旁等生境。

【形态特征】一年生或二年生草本植物，植株高 30 ～ 70 cm。

根 纺锤形，常斜生，具纤维状根（图 6.2）。

图 6.2　香丝草根（付卫东 摄）

茎 茎直立或斜升，中上部常分枝，密被贴短毛，兼有开展的疏长毛（图6.3）。

图6.3 香丝草茎（付卫东 摄）

叶 叶密集；基部叶花期常枯萎，下部叶倒披针形或长圆状披针形，长 30 ～ 50 mm，宽 3 ～ 10 mm，顶端尖或稍钝，基部渐狭成长柄，通常具粗齿或羽状浅裂；中部和上部叶具短柄或无柄，狭披针形或线形，长 30 ～ 70 mm，宽 3 ～ 5 mm，中部叶具齿，上部叶全缘，两面均密被贴糙毛（图 6.4）。

图 6.4　香丝草叶（付卫东　摄）

花 头状花序，直径 8～10 mm，在茎端排成总状或总状圆锥花序，花序梗长 10～15 mm；总苞椭圆状卵形，长约 5 mm，总苞片 2～3 层，线形，背面密被灰白色糙毛，具干膜质边缘；雌花多层，白色，花冠细管状，长 3～3.5 mm，无舌片或顶端有 3～4 细齿；两性花淡黄色，花冠管状，管部上部被疏微毛，具 5 齿裂（图 6.5）。

图 6.5 香丝草花（付卫东 摄）

果 瘦果线状披针形，长 1.5 mm，被疏短毛；冠毛 1 层，淡红褐色（图 6.6）。

图 6.6　香丝草果（付卫东　摄）

【**主要危害**】影响农作物生长，尤以果园及荒地等发生量大，为重要杂草（图6.7）。

【**控制措施**】加强检疫。对裸地应及时绿化，防止该物种入侵。可以选择草甘膦、氯氟吡氧乙酸除草剂防除。

图6.7　香丝草危害（王忠辉 摄）

7　小白酒草

【学名】小白酒草 *Conyza canadensis*（L.）Crong. 隶属菊科 Asteraceae 白酒草属 *Conyza*（图7.1）。

【别名】小蓬草、小飞蓬、加拿大蓬、飞蓬。

【起源】北美洲。

【分布】中国分布于黑龙江、吉林、辽宁、内蒙古、北京、河北、陕西、山西、河南、山东、甘肃、安徽、江

图 7.1　小白酒草植株（付卫东　摄）

苏、浙江、江西、湖北、湖南、台湾、重庆、四川、贵州、云南及广东。

【入侵时间】《江苏植物名录》(1921年)称小蓬草，《中国植物图鉴》(1937年)称加拿大蓬。1860年在山东烟台首次发现。

【入侵生境】生长于路边、农田、河滩、牧场、草原或林缘等生境。

【形态特征】一年生或二年生草本植物，植株高40～120 cm。

根 根纺锤状，具纤维状根。幼苗主根发达（图7.2）。

图7.2 小白酒草根（付卫东 摄）

茎 茎直立，圆柱状，有细条纹及脱落性疏长硬毛，上部多分枝（图 7.3）。

图 7.3　小白酒草茎（付卫东　摄）

叶 基部叶近匙形；上部叶线形或披针形，无明显叶柄，叶全缘或有裂，边缘有睫毛。幼苗子叶对生，阔椭圆形或卵圆形，长 3～4 mm，宽 1.5～2 mm，基部逐渐成叶柄；初生叶1片，椭圆形，长5～7 mm，宽4～5 mm，先端有小尖头，两面疏生伏毛，边缘有纤毛，基部有细柄；第2叶、第3叶和初生叶相似，但毛更密，两侧边缘有单个的小齿（图7.4）。

图 7.4　小白酒草叶（付卫东 摄）

花 头状花序，直径 4～5 mm，有短梗，再密集成圆锥状或伞房圆锥状花序；排列成顶生多分枝的大圆锥花序；头状花序外围花雌性，细筒状，长约 3 mm，先端有舌片，白色或紫色；管状花位于花序内，长约 2.5 mm，檐部 4 齿裂，稀少为 3 齿裂（图 7.5）。

图 7.5　小白酒草花（付卫东　摄）

果 瘦果长圆形，长 1.2～1.5 mm，稍扁压，淡褐色，略有毛，冠毛污白色，刚毛状，长 2.5～3 mm（图 7.6）。

图 7.6　小白酒草果（付卫东 摄）

7 小白酒草

香丝草、小白酒草和白酒草的形态特征比较表

特征	香丝草	小白酒草	白酒草
生活型	一年生或二年生草本植物	一年生草本植物	一年生或二年生草本植物
根	纺锤形，具纤维状根	纺锤状，具纤维状根	斜上，不分枝，少有丛生而呈纤维状
茎	茎直立或斜升，中上部常分枝，密被贴短毛，兼有开展的疏长毛	茎直立，圆柱状，多少具棱，有条纹，被疏长硬毛	茎直立，高（15）20～45 cm，或更高，有细条纹，基部直径2～4 mm，自茎基部或在中部以上分枝，枝斜上或开展，全株被白色长柔毛或短糙毛，或下部多少脱毛
叶	叶密集，下部叶倒披针形或长圆状披针形；中部和上部叶具短柄或无柄，狭披针形或线形，中部叶具齿，上部叶全缘，两面均密被贴糙毛	基部叶近匙形，上部叶线形或披针形，无明显叶柄，叶全缘或有裂，边缘有睫毛	基生叶莲座状，倒卵形或匙形，长6～7 cm，下部茎生叶长圆形、椭圆状长圆形或倒披针形，先端圆，基部常下延成具宽翅的柄，边缘有圆齿或粗锯齿，侧脉4～5对，两面被白色长柔毛，叶柄长3～13 cm；中部叶倒披针状长圆形或长圆状披针形，长3.5～5 cm，基部半抱茎，有小尖齿，无柄；上部叶披针形或线状披针形，两面被贴长毛

续表

特征	香丝草	小白酒草	白酒草
花	头状花序，在茎端排成总状或总状圆锥花序；总苞椭圆状卵形，背面密被灰白色糙毛，具干膜质边缘；雌花多层，白色，花冠细管状；两性花淡黄色，花冠管状	头状花序，有短梗，再密集成圆锥形状或伞房圆锥状花序；排列成顶生多分枝的大圆锥花序；头状花序外围花雌性，细筒状，管状花位于花序内	头状花序，在茎顶端密集成球状或伞房状，直径约 1.1 cm，花序梗纤细，密被长柔毛；总苞半球形，直径 0.8～1 cm；总苞片 3～4 层，外层卵状披针形，长约 2 mm，内层线状披针形，长 4～5 mm，边缘膜质或带紫色，背面沿中脉绿色，被长柔毛；花全结实，黄色；外围雌花多数，花冠丝状，短于花柱 2.5 倍；中央两性花 15～16 朵，花冠管状，有 5 卵形裂片
果	瘦果线状披针形，被疏短毛；冠毛 1 层，淡红褐色	瘦果长圆形，淡褐色	瘦果长圆形，黄色，长 1～1.2 mm，边缘脉状，有微毛；冠毛污白或稍红色，糙毛状

【**主要危害**】对秋收作物田、果园和茶园危害严重，影响农作物生长，通过分泌化感物质抑制邻近植物的生长（图 7.7）。

7 小白酒草

图 7.7　小白酒草危害（①张国良　摄，②③付卫东　摄）

【控制措施】加强检疫。对裸地应及时绿化，防止该物种入侵。可以选择草甘膦、草丁膦、氯氟吡氧乙酸等除草剂防除。

8 一年蓬

【学名】一年蓬 *Erigeron annuus*（L.）Pers. 隶属菊科 Asteraceae 飞蓬属 *Erigeron*（图 8.1）。

【别名】白顶飞蓬、治疟草、千层塔。

【起源】北美洲。

【分布】中国分布于吉林、辽宁、内蒙古、北京、河北、山西、陕西、河南、山东、江苏、安徽、上海、浙江、

图 8.1　一年蓬植株（王忠辉 摄）

江西、福建、湖北、湖南、广东、重庆、四川、贵州、西藏及云南。

【入侵时间】1886 年在上海郊区发现。"一年蓬"一名始见于《江苏植物名录》（1921 年）。

【入侵生境】生长于路边、农田或荒野等生境。

【形态特征】一年生或二年生草本植物，植株高 30 ～ 100 cm。

茎 茎直立，上部有分枝，被糙伏毛（图 8.2）。

图 8.2 一年蓬茎（王忠辉 摄）

叶 基生叶呈长圆形或宽卵形，稀近圆形，长 4 ～ 17 cm，宽 1.5 ～ 4 cm，顶端尖或钝，基部狭成具翅的长柄，边缘具粗齿；茎生叶互生，呈长圆状披针形或披针形，长 1 ～ 9 cm，宽 0.5 ～ 2 cm，顶端尖，边缘齿裂，规则或不规则，有短柄或无柄；上部叶多呈线形，全缘，叶缘有缘毛（图 8.3）。

图 8.3 一年蓬叶（王忠辉 摄）

花 头状花序，数个或多数，排成伞房状或圆锥状，长 6 ～ 8 mm，宽 10 ～ 15 mm；总苞半球形，总苞片 3 层；外缘花舌状，明显，2 至数层，雌性，舌片线形，白色或略带紫晕；中央花管状，两性，黄色（图8.4）。

图8.4 一年蓬花（①②③付卫东 摄，④王忠辉 摄）

果 瘦果倒窄卵形至长圆形；压扁；具浅色翅状边缘，长1～1.4 mm，宽0.4～0.5 mm。表面浅黄色或褐色，有光泽。顶端收缩、有花柱残留物。果脐周围有污白色小圆筒。冠毛污白色，刚毛状。

一年蓬、春一年蓬和糙伏毛飞蓬的形态特征比较表

特征	一年蓬	春一年蓬	糙伏毛飞蓬
生态型	一年生或二年生草本植物	越年生或一年生草本植物	一年生或二年生草本植物
茎	直立，被状伏毛	直立，全体被开展长硬毛及短硬毛	直立或斜升，稀疏被糙伏毛或多覆硬毛
叶	基生叶呈长圆形或宽卵形；茎生叶互生呈长圆状披针形或披针形；上部叶多呈线形	基生叶莲座状，花期不枯萎，匙形；茎生叶半抱茎；中上部叶披针形或条状线形	表面光滑或稀疏被糙毛或多被糙伏毛，基部叶片倒披针形或者线形，茎生叶从下部到头状花序附近逐渐减少
花	头状花序，直径 12 ~ 15 mm；外缘花舌状，舌片线形，白色或略带紫晕；中央两性花管状，黄色	头状花序，蕾期下垂或倾斜，花期仍斜举，舌状花白色略带粉红色	头状花序形成松散的伞状或圆锥状复伞形花序，总苞半球状，舌状花呈扁平线形，花瓣白色，有时略带粉色或浅蓝色；管状花黄色
果	瘦果倒窄卵形至长圆形，边缘翅状	瘦果披针形，被疏柔毛	瘦果为扁平披针状，疏被短糙毛

【主要危害】常入侵麦田、果园、茶园和桑园，同时入侵牧场，对苗圃造成伤害；也大量发生于荒野和路边，严重影响景观；花粉也可致花粉病（图8.5至图8.8）。

图8.5　一年蓬危害佛手瓜（付卫东　摄）

图8.6　一年蓬危害玉米地（付卫东　摄）

图 8.7 一年蓬危害果园（付卫东 摄）

【控制措施】加强植物检疫。注意裸地植被的恢复。可以选择草甘膦、2 甲 4 氯等除草剂防除。

图 8.8 一年蓬危害路边（付卫东 摄）

9 金腰箭

【学名】金腰箭 *Synedrella nodiflora*（L.）Gaertn. 隶属菊科 Asteraceae 金腰箭属 *Synedrella*。

【别名】黑点旧。

【起源】美洲热带地区。

【分布】中国分布于上海、福建、浙江、江西、广东、广西、海南、云南、重庆、四川、香港、澳门及台湾。

【入侵时间】1934 年出版的《国立北平研究院植物学研究所丛刊》有记载。1908 年首次在中国澳门采集到该物种标本，1912 年在中国香港成为常见杂草。

【入侵生境】生长于旷野、荒地、山坡、耕地、路旁及住宅旁等生境。

【形态特征】一年生草本植物，植株高 50 ~ 100 cm（图 9.1）。

图 9.1 金腰箭植株
（张国良 摄）

9 金腰箭

茎 茎直立，常二歧分枝，幼时密被贴生的粗毛，成长后近无毛；基部直径约 5 mm，节间长 6～22 cm，通常长约 10 cm（图 9.2）。

图 9.2　金腰箭茎（①②③王忠辉 摄，④付卫东 摄）

叶 叶对生；阔卵形至卵状披针形，中基部下延成具翅的叶柄；叶片两面被贴生，基部为疣状的糙毛，近基三出脉，边缘有浅平的锯齿（图9.3）。

图9.3 金腰箭叶（王忠辉 摄）

花 头状花序，直径4～5 mm，长约10 mm，常2～6簇生于叶腋；总苞卵形或长圆形，外层总苞绿色，叶状，内层总苞片干膜质，鳞片状；外围舌状花雌性，黄色，舌片椭圆形，顶端2浅裂；中央管状花花冠檐部4浅裂，裂片卵形或三角形（图9.4）。

图9.4　金腰箭花（①②③付卫东 摄，④王忠辉 摄）

果 雌花瘦果倒卵状长圆形，扁平，深黑色，长约 5 mm，宽约 2.5 mm，边缘有增厚，污白色宽翅，翅缘各有 6～8 个长硬尖刺，冠毛 2，刺状；两性花瘦果倒锥形或倒卵状圆柱形，长 4～5 mm，宽约 1 mm，黑色，有纵棱，腹面压扁，两面有疣状突起，冠毛 2～5，刺状。

【主要危害】 种子繁殖，繁殖力极强，造成农作物减产，并入侵一些经济园林（图 9.5）。

图 9.5　金腰箭危害（王忠辉　摄）

【控制措施】加强检疫。可以选择氯氟吡氧乙酸、草甘膦等除草剂防除。

10 秋英

【学名】秋英 *Cosmos bipinnata* Cav. 隶属菊科 Asteraceae
秋英属 *Cosmos*（图 10.1）。

【别名】波斯菊、大波斯菊、格桑花、扫地梅。

【起源】墨西哥和美国。

【分布】中国分布于北京、天津、河北、黑龙江、吉林、
辽宁、内蒙古、山西、上海、江苏、安徽、浙江、山
东、河南、湖北、湖南、江西、广东、广西、海南、重

图 10.1　秋英植株（①张国良 摄，②王忠辉 摄）

庆、四川、贵州、云南、西藏、陕西、澳门及台湾。

【入侵时间】1911年从日本引入中国台湾。后引入东北和云南等地栽培而扩散。1918年出版的《植物学大辞典》有记载。1921年首次在河北采集到该物种标本。

【入侵生境】生长于荒野、草坡或道路两旁等生境。

【形态特征】一年生或多年生草本植物，植株高1～2 m。

根 纺锤状，多须根，近茎基部有不定根（图10.2）。

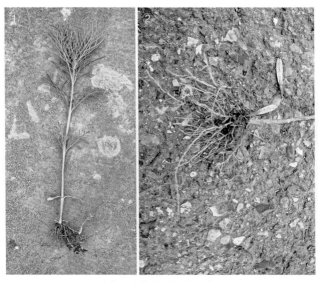

图 10.2　秋英根（①张国良 摄，②王忠辉 摄）

茎 茎直立，光滑或稍有毛（图 10.3）。

图 10.3 秋英茎（①张国良 摄，②王忠辉 摄）

叶 叶对生；二回羽状深裂，裂片稀疏，线形，全缘（图 10.4）。

图 10.4 秋英叶（①张国良 摄，②王忠辉 摄）

10 秋英

花 头状花序，单生，直径 3～6 cm，花序梗长 6～18 cm；总苞片 2 层，基部联合，外层总苞片卵状披针形，顶端窄尖，近革质，淡绿色，具深紫色条纹，长 1～1.5 cm，内层总苞片长椭圆状卵形，边缘膜质，花序托平坦，有托片；外缘花舌状，花红色、粉红或白色，椭圆状倒卵形，顶端截形，有浅齿，长 1.5～2.5 cm，宽 1.2～1.8 cm，不育；盘花管状，花黄色，长 6～8 mm，管部短，上部圆柱形，有披针状裂片；花柱具短突尖的附器，两性，能育（图 10.5）。

图 10.5 秋英花（①②张国良 摄，③付卫东 摄，④王忠辉 摄）

果 瘦果光滑，黑紫色，长 8～12 mm，上端具长喙，线形，喙端有 2～4 芒，芒有倒刺（图 10.6）。

图 10.6　秋英果（王忠辉　摄）

秋英和黄秋英的形态特征比较表

特征	秋英	黄秋英
生活型	一年生或多年生草本植物	一年生草本植物
茎	直立，光滑或稍有毛	多分枝，光滑或稍有毛
叶	二回羽状深裂，裂片稀疏，线形	二回羽状裂，裂片稀疏，披针形或椭圆形

续表

特征	秋英	黄秋英
花	头状花序，单生，外层总苞片卵状披针形，内层总苞片长椭圆状卵形；外缘花红色、粉红或白色，椭圆状倒卵形；盘花管状，花黄色	头状花序，单生，总苞片2层，外层总苞片卵状披针形，内层总苞片椭圆状卵形；外缘花橘黄色或金黄色；盘花管状，花黄色
果	瘦果光滑，黑紫色，线形	瘦果坚硬，棕褐色，线形，有糙毛

【主要危害】逸生杂草，常在道路两旁、田埂、溪边及山坡等生境蔓延，对森林恢复和生物多样性有一定影响，但危害不大（图 10.7）。

图 10.7　秋英危害荒地（王忠辉 摄）

【控制措施】严格控制引种。限制用作为荒野、草坡及道路两旁的绿化和美化植物材料。

11 蓝花野茼蒿

【学名】蓝花野茼蒿 *Crassocephalum rubens*（Juss. ex Jacq.）S. Moore 隶属菊科 Asteraceae 野茼蒿属 *Crassocephalum*（图 11.1）。

【起源】非洲热带地区。

【分布】中国分布于云南中部和南部。

图 11.1　蓝花野茼蒿植株（①付卫东 摄，②张国良 摄）

11 蓝花野茼蒿

【入侵时间】2008 年 12 月首次在云南西双版纳采集到该物种标本。

【入侵生境】喜阳光，耐瘠薄，常生长于草地、荒地、茶园或果园等生境。

【形态特征】多年生草本植物，植株高 20 ～ 100（150）cm。

根 主根粗壮，须根少；基部生不定根（图 11.2）。

图 11.2　蓝花野茼蒿根（付卫东　摄）

茎 茎直立，通常在基部反折，具条纹，单生或偶尔分枝，被短柔毛或近无毛（图 11.3）。

图 11.3　蓝花野茼蒿茎（付卫东 摄）

叶 叶互生；疏被柔毛，倒卵形、倒卵状披针形、椭圆形或披针形，有时卵形，不分裂、羽状分裂或羽状 2 ～ 5 裂；叶片长 5 ～ 15 cm，宽 2 ～ 5 cm，基部楔形或渐狭，并呈耳状而无柄，下部叶具 4 ～ 10 cm 长柄，先端圆形、钝形或锐尖，叶缘有细齿（图 11.4）。

图 11.4 蓝花野茼蒿叶（付卫东 摄）

花 头状花序，少数或单生，直径 1～2 cm，总花梗细长，有 3～5 披针形小苞片，顶生或生于叶腋；总苞宽钟形，总苞片 1 层，绿色，13～15 片，线状披针形，长 9～12 mm，宽 1.5 mm；小花全为管状花，蓝色，花冠长 9～11 mm，裂片 0.4～1.5 mm（图 11.5）。

图 11.5　蓝花野茼蒿花（付卫东　摄）

11 蓝花野茼蒿

【果】瘦果圆柱形，长 2 ～ 2.5 mm，有纵棱；冠毛白色，丝状，长 7 ～ 12 mm。

【主要危害】由于茎基部生不定根，瘦果细小并带有冠毛、可随风传播，具有较强的潜在扩散性，常入侵旱作物田、果园，成为入侵性较强的杂草，并影响生物多样性（图 11.6）。

图 11.6　蓝花野茼蒿危害（张国良 摄）

【控制措施】加强监测，发现野外种群最好及时采取清除措施（拔除、铲除、化学防控）。严格控制引种利用。

12 猪屎豆

【学名】猪屎豆 *Crotalaria pallida* Ait. 隶属豆科 Fabaceae
猪屎豆属 *Crotalaria*（图 12.1）。

【别名】黄野百合、假地豆、响铃豆。

【起源】非洲热带地区。

【分布】中国分布于福建、广东、广西、海南、四川、
云南、山东、浙江、湖南及台湾。

【入侵时间】1910 年引种至中国台湾，1910 年首次在广
东采集到该物种标本。

图 12.1　猪屎豆植株（张国良　摄）

12 猪屎豆

【入侵生境】喜沙质土壤，耐贫瘠、耐旱，常生长于旷野、田边、路旁、荒地、干燥河床或灌木丛等生境。

【形态特征】多年生草本或呈亚灌木状植物，植株高可达 100 cm。

茎 茎枝圆柱形，具小沟纹，密被紧贴的短柔毛（图 12.2）。

图 12.2　猪屎豆茎（①②张国良 摄，③付卫东 摄）

叶 托叶极细小，刚毛状，早落；叶三出，叶柄长 2～4 cm；小叶长圆形或椭圆形，长 3～6 cm，上面无毛，下面稍被丝光质短柔毛，两面叶脉清晰，小叶柄长 1～2 mm（图 12.3）。

图 12.3　猪屎豆叶（①②张国良 摄，③王忠辉 摄）

花 总状花序，顶生，长达 25 cm，有花 10～40 朵；苞片线形，长约 4 mm，早落；花梗长 3～5 mm；花萼近钟形，长 4～6 mm，5 裂，萼齿三角形，约与萼筒等长，密被短柔毛；小苞片长 1～2 mm，生萼筒中部或基部；花冠黄色，伸出萼外，长 7～11 mm，旗瓣圆形或椭圆形，长约 1 cm，翼瓣长圆形，长 8 mm，下部边缘具柔毛，龙骨瓣长约 1.2 cm，具长喙，基部边缘具柔毛；子房无柄（图 12.4）。

图 12.4 猪屎豆花（①②付卫东 摄，③张国良 摄）

果 荚果长圆形，长 3～4 cm，幼时疏被毛，后变无毛，果瓣开裂后扭转；种子 20～30 颗（图 12.5）。

图 12.5　猪屎豆果（①张国良 摄，②付卫东 摄）

12 猪屎豆

【主要危害】常逸生为杂草，在入侵地易形成优势种群，影响本地原生植被和生物多样性；种子和幼嫩枝叶有毒，人类和牲畜误食后会中毒（图12.6）。

【控制措施】加强引种管理，谨慎引种。

图 12.6　猪屎豆危害（①②张国良 摄，③王忠辉 摄，④付卫东 摄）

13 光萼猪屎豆

【学名】光萼猪屎豆 *Crotalaria trichotoma* Bojer 隶属豆科 Fabaceae 猪屎豆属 *Mimosa*。

图 13.1　光萼猪屎豆植株
（张国良　摄）

【别名】南美猪屎豆、光萼野百合、苦罗豆。

【起源】东非。

【分布】中国分布于福建、湖南、广东、海南、广西、四川、云南及台湾等地。

【入侵时间】1931年在中国台湾开始有记录，1931年首次在广东采集到该物种标本。

【入侵生境】生长于田园、路边或荒山草地等生境。

【形态特征】多年生草本或亚灌木植物，植株高达2 m（图13.1）。

茎 直立；茎枝圆柱形，具小沟纹，被短柔毛（图 13.2）。

图 13.2　光萼猪屎豆茎（付卫东 摄）

叶 托叶极细小，钻状，长约 1 mm；叶三出，叶柄长 3～5 cm；小叶长椭圆形，两端渐尖，长 6～10 cm，宽 1～2（3）cm，先端具短尖，上面绿色，光滑无毛，下面青灰色，被短柔毛，小叶柄长约 2 mm（图 13.3）。

图 13.3　光萼猪屎豆叶（张国良 摄）

花 总状花序，顶生，有花 10～20 朵，花序长达 20 cm；苞片线形，长 2～3 mm，小苞片与苞片同形，稍短小，生花梗中部以上；花梗长 3～6 mm，在花蕾时挺直向上，开花时屈曲向下，结果时下垂；花萼近钟形，长 4～5 mm，5 裂，萼齿三角形，约与萼筒等长，无毛；花冠黄色，伸出萼外，旗瓣圆形，直径约 12 mm，基部具胼胝体 2 枚，先端具芒尖，翼瓣长圆形，约与旗瓣等长，龙骨瓣最长，约 15 mm，稍弯曲，中部以上变狭，形成长喙，基部边缘具微柔毛；子房无柄（图 13.4）。

图 13.4　光萼猪屎豆花（①张国良 摄，②付卫东 摄）

果 荚果长圆柱形，长 3 ~ 4 cm，幼时被毛，成熟后脱落，果皮常呈黑色，种子 20 ~ 30 颗，肾形，成熟时朱红色（图 13.5）。

图 13.5 光萼猪屎豆果（①②付卫东 摄，③张国良 摄）

13 光萼猪屎豆

【主要危害】 光萼猪屎豆繁殖能力强，具有较高的入侵性和危害风险，对入侵地生物多样性造成影响（图 13.6）。

图 13.6　光萼猪屎豆危害（付卫东　摄）

【控制措施】 加强管理，避免逸生。对于野外成片种群应及时铲除。

14 金合欢

【学名】金合欢 *Acacia farnesiana* (L.) Willd. 隶属豆科 Fabaceae 金合欢属 *Acacia*（图 14.1）。

【别名】鸭皂树、刺球花、消息树、牛角花。

【起源】美洲热带地区。

【分布】中国分布于浙江、福建、广东、海南、广西、江西、四川、重庆、云南及台湾等地。

图 14.1　金合欢植株（①付卫东 摄，②张国良 摄）

14 金合欢

【入侵时间】1646 年从荷兰引入中国台湾，1905 年首次在四川采集到该物种标本。

【入侵生境】常生长于阳光充足、土壤较肥沃、疏松的荒地、园林绿地、路旁或林缘等生境。

【形态特征】多年生乔木，植株高 9～15 m。

茎 树皮粗糙，褐色，多分枝，小枝常呈"之"字形弯曲，有小皮孔（图 14.2）。

图 14.2　金合欢茎（付卫东　摄）

叶 托叶针刺状，刺长 1～2 cm，生于小枝上的较短；二回羽状复叶长 2～7 cm，叶轴槽状，被灰白色柔毛，有腺体，羽片 4～8 对，长 1.5～3.5 cm；小叶通常 10～20 对，线状长圆形，长 2～6 mm，宽 1～1.5 mm，无毛（图 14.3）。

图 14.3　金合欢叶（①②付卫东 摄，③张国良 摄）

花 头状花序，1个或2～3个簇生于叶腋，直径1～1.5 mm；总花梗被毛，长1～3 cm，苞片位于总苞梗的顶端或近顶端；花黄色，有香味；花萼长1.5 mm，5齿裂；花瓣连合呈管状，长约2.5 mm，5齿裂；雄蕊长约为花冠的2倍；子房圆柱状，被微柔毛（图14.4）。

图14.4 金合欢花（①张国良 摄，②付卫东 摄）

果 荚果膨胀，近圆柱状，长 3 ～ 7 cm，宽 8 ～ 15 mm，褐色，无毛，劲直或弯曲；种子多颗，褐色，卵形，长约 6 mm（图 14.5）。

图 14.5 金合欢果（张国良 摄）

金合欢和光叶金合欢的形态特征比较表

特征	金合欢	光叶金合欢
生活型	灌木或小乔木	藤本植物
茎	树皮粗糙，褐色，多分枝	枝有棱角、短刺，但无毛；刺基扩大，刺直或微呈钩状
叶	托叶针刺状，二回羽状复叶，叶轴槽状，有腺体，羽片4～8对，线形长圆形，无毛	二回羽状复叶；羽片3～5对，长15～20 cm；总叶柄短，有刺；小叶密集，线形，长6～7 mm，宽不及2 mm，先端钝，无毛
花	头状花序，簇生于叶腋；苞片位于总苞梗的顶端或近顶端；花黄色，有香味；花萼5齿裂；花瓣连合呈管状，5齿裂	头状花序，球形，直径近1 cm，单生或成对，全部腋生；总花梗长3～4 cm，有总苞片，花无梗；花萼裂片稍急尖，和管部近等长；雄蕊比花被长2倍
果	荚果膨胀，近圆柱状，褐色，无毛；种子多颗，褐色，卵形	荚果长圆形，极扁，先端和基部近圆形或钝，开裂；种子长圆状菱形，灰色，扁平

【主要危害】金合欢具有较高的入侵性，影响生物多样性，在世界许多地区逸生为恶性入侵种。此外植株含有毒丹宁酸，牲畜取食后可导致死亡，具有极大的危害性（图 14.6）。

图 14.6　金合欢危害（①付卫东 摄，②张国良 摄）

【控制措施】加强管理，避免在植被较好的区域引种金合欢，防止其入侵。

15 田菁

【学名】田菁 *Sesbania cannabina*（Retz.）Poir. 隶属豆科
Fabaceae 田菁属 *Sesbania*。

【别名】碱豆、捞豆、向天蜈蚣、铁青草、田槐。

【起源】澳大利亚至西南太平洋岛屿。

图 15.1　田菁植株（张国良　摄）

【分布】中国分布于河北、天津、河南、陕西、江苏、安徽、上海、浙江、江西、湖北、湖南、重庆、四川、广东、广西、海南、云南、香港、澳门及台湾等地。

【入侵时间】1910 年首次在江苏采集到该物种标本。

【入侵生境】常生长于田边、路旁或荒坡等生境。

【形态特征】一年生草本植物，植株高 3 ～ 3.5 m（图 15.1）。

根 主根强壮，基部有不定根（图 15.2）。

图 15.2　田菁根（张国良　摄）

茎 茎绿色，有时带褐色或红色，微被白粉，有不明显淡绿色线纹，平滑，幼枝疏被绢毛，后秃净，折断有白色黏液，枝髓粗大充实（图 15.3）。

图 15.3　田菁茎（张国良　摄）

叶 偶数羽状复叶；叶轴长 15～25 cm，上面具沟状，长 8～20（40）mm，宽 2.5～4（7）mm，位于叶轴两端者较短小，先端钝至截平，具小尖头，基部圆形，两侧不对称，上面无毛，下面幼时疏被绢毛，后秃净，两面被紫色小腺点，下面尤密；小叶柄长约 1 mm，疏被毛；小托叶钻形，短于或几等于小叶柄，宿存（图 15.4）。

图 15.4　田菁叶（张国良 摄）

花 总状花序，长 3～10 cm，具花 2～6 朵，疏松；总花梗及花梗纤细，下垂，疏被绢毛；苞片线状披针形，小苞片 2 枚，均早落；花萼斜钟状，长 3～4 mm，无毛，萼齿短三角形，先端锐齿，各齿间常有 1～3 腺状附属物，内面边缘具白色细长曲柔毛；花冠黄色，旗瓣横椭圆形至近圆形，长 9～10 mm，先端微凹至圆形，基部近圆形，外面散生大小不等的紫黑点和线，胼胝体小，梨形，瓣柄长约 2 mm，翼瓣倒卵状长圆形，与旗瓣近等长，宽约 3.5 mm，基部具短耳，中部具较深色的斑块，并横向皱褶，龙骨瓣较翼瓣短，三角状阔卵形，长宽近相等，先端圆钝，平三角形，瓣柄长约 4.5 mm；雄蕊二体，对旗瓣的 1 枚分离，花药卵形至长圆形；雌蕊无毛，柱头头状，顶生（图 15.5）。

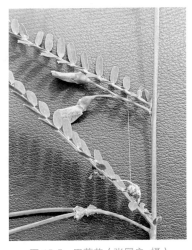

图 15.5 田菁花（张国良 摄）

果 荚果细长，长圆柱形，长 12～22 cm，宽 2.5～3.5 mm，微弯，外面具黑褐色斑纹，喙尖，长 5～7（10）mm，果颈长约 5 mm，开裂，种子间具横隔，有种子 20～35 粒；种子绿褐色，有光泽，短圆柱状，长约 4 mm，直径 2～3 mm，种脐圆形，稍偏于一端（图 15.6）。

图 15.6 田菁果（张国良 摄）

【主要危害】环境杂草，有时入侵农田，危害较轻。

【控制措施】人工拔除。选择乙氧氟草醚、喹啉羧酸类除草剂可以有效防治田菁。

16 巴西墨苜蓿

【学名】巴西墨苜蓿 *Richardia brasiliensis* Gomes 隶属豆科 Rubiaceae 墨苜蓿属 *Richardia*（图 16.1）。

【别名】巴西拟鸭舌癀、墨苜蓿。

【起源】南美洲。

【分布】中国分布于广东、海南、云南和台湾。

图 16.1　巴西墨苜蓿植株（付卫东　摄）

16 巴西墨苜蓿

【入侵时间】 1987年在中国台湾首次发现。

【入侵生境】 喜疏松肥沃土壤，常生长于旱作物田、路边或草地等生境。

【形态特征】 一年生茎横卧或近直立草本植物，植株高可达80 cm。

根 主根粗壮，少须根（图16.2）。

图 16.2　巴西墨苜蓿根（付卫东 摄）

茎 茎扁平或近圆柱状，被短硬毛或微糙长硬毛（图16.3）。

图 16.3 巴西墨苜蓿茎（付卫东 摄）

16 巴西墨苜蓿

叶 叶柄长 5 ～ 10 mm，被短硬毛或小柔毛；叶片干膜质或厚纸质，卵形、椭圆形或披针形，长 1 ～ 5 cm，宽 0.5 ～ 3.5 cm，两面微糙或无毛，基部楔形，先端急尖或钝；托叶鞘 1 ～ 3 mm，被柔毛或小柔毛，3 ～ 11 枚刚毛，长 2 ～ 4 mm（图 16.4）。

图 16.4 巴西墨苜蓿叶（付卫东 摄）

花 花序直径约 1 cm；靠近子房处花萼倒卵球形，长
1 ~ 1.5 mm，密被小乳突，或被短硬毛，或光滑，花
萼裂片 6，长 1.5 ~ 3.5 mm，披针形或狭针形，顶端
急尖，光滑无毛，具缘毛；花冠白色，6 浅裂，裂片长
1 ~ 3 mm，花冠筒长 3 ~ 8 mm（图 16.5）。

图 16.5　巴西墨苜蓿花（付卫东 摄）

16 巴西墨苜蓿

分果瓣3，椭圆形或倒卵球形，背腹扁平，背面具乳突或近光滑，腹面纵向具2条平行凹槽（图16.6）。

图 16.6　巴西墨苜蓿果（付卫东 摄）

【主要危害】农田和草坪杂草（图 16.7）。

图 16.7　巴西墨苜蓿危害（付卫东　摄）

【控制措施】合理进行水土保持耕作，进行花生、甘蔗轮作可有效控制巴西墨苜蓿。可以选择 2, 4-D 和草甘膦 2 种除草剂混合使用防除。

17 墨苜蓿

图 17.1 墨苜蓿植株
（张国良 摄）

【学名】墨苜蓿 *Richardia scabra* L. 隶属豆科 Rubiaceae 墨苜蓿属 *Richardia*（图 17.1）。

【别名】李察草。

【起源】美洲热带地区。

【分布】中国分布于北京、河北、浙江、福建、广东、广西、海南、台湾及香港。

【入侵时间】20 世纪 80 年代传入中国南部，见于香港、广东和海南等地，1978 年首次在广东采集到该物种标本。

【入侵生境】喜湿润、温暖气候，喜沙质土壤。常生长于农田、草坪或路边荒地等生境。

【形态特征】一年生平卧或近直立草本植物，植株高可达 80 cm。

根 主根粗壮，少许须根（图 17.2）。

图 17.2　墨苜蓿根（张国良 摄）

17 墨苜蓿

茎 茎近圆柱状，被硬毛，疏分枝（图17.3）。

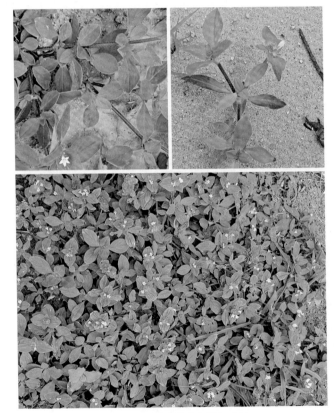

图 17.3　墨苜蓿茎（张国良　摄）

叶 叶柄长 3～5 mm 或近无；叶厚纸质，卵形、椭圆形或披针形，长 1～5 cm，宽 0.5～2.5 cm，顶端通常短尖，钝头，基部渐狭，两面粗糙，叶边有缘毛；叶脉近弧状；叶柄长 0.5～1 cm，托叶鞘状，上部分裂成条状或钻状裂片（图 17.4）。

图 17.4　墨苜蓿叶（①张国良 摄，②付卫东 摄）

花 头状花序，有花6朵或5朵，顶生，包以1对或2对
叶状总苞，分为2对时，则里面1对较小，总苞片阔卵
形；花萼筒顶部缢缩长，裂片披针形或狭披针形，长约
为萼筒2倍，被缘毛；花冠白色或粉红色，漏斗状或高
脚碟状，冠筒长2～8 mm，内面基部有1环白色长毛，
裂片3～6，花时星状展开；雄蕊3～6，着生于花冠喉
部；子房通常3心皮，3～4室，花柱3裂（图17.5）。

图17.5 墨苜蓿花（①付卫东 摄，②张国良 摄）

果 分果瓣 3（6），长圆形至倒卵形，背部密覆小乳凸和糙伏毛，腹面有 1 种狭沟槽，基部微凹；种子背部平凸，腹部 2 直槽，胚乳角质（图 17.6）。

图 17.6 墨苜蓿果（付卫东 摄）

17 墨苜蓿

【主要危害】在原产地就是农田杂草，入侵中国后成为农田、草坪和旷野杂草。有可能成为1种危害旱地作物的恶性杂草（图 17.7）。

农业主要外来入侵植物图谱（第二辑）

图 17.7 墨苜蓿危害（①②张国良 摄，③④付卫东 摄）

【控制措施】加强检疫。入侵路边荒地，可以选用草甘膦、草丁膦、2甲4氯等除草剂防除；入侵草坪，可以选用啶嘧磺隆和2甲4氯等除草剂防除；入侵农田，可以根据农作物选择合适的除草剂防除。

18 紫花大翼豆

【学名】紫花大翼豆 *Macroptilium atropurpureum*（DC.）Urban 隶属豆科 Leguminosae 大翼豆属 *Macroptilium*。

【别名】紫菜豆、大翼豆。

【起源】美洲热带地区。

【分布】广泛分布于热带、亚热带许多地区。中国分布于福建、广东、广西、海南、江西、云南、澳门、台湾等地。

图 18.1　紫花大翼豆植株
（付卫东　摄）

【入侵时间】1969 年首次在广东采集到该物种标本。

【入侵生境】为喜温、喜光、短日照植物，适应性强，喜土层深厚、排水良好的土壤。生长于旷野、水塘堤坝、路边或荒地等生境。

【形态特征】多年生蔓生草本植物，植株高 30 ～ 60 cm（图 18.1）。

根 根深入土层。

茎 茎平卧，多分枝，上部缠绕；被短柔毛或茸毛，逐节
生根（图 18.2）。

图 18.2　紫花大翼豆茎（付卫东 摄）

18 紫花大翼豆

叶 羽状复叶；托叶卵形，长 4～5 mm，被长柔毛，脉显露；具 3 小叶，小叶卵形至菱形，长 1.5～7 cm，宽 1.3～5 cm，有时具裂片，侧生小叶偏斜，外侧具裂片，先端钝或急尖，基部圆形，上面被短柔毛，下面被银色茸毛；叶柄长 0.5～5 cm（图 18.3）。

图 18.3　紫花大翼豆叶（付卫东 摄）

　农业主要外来入侵植物图谱（第二辑）

花 花序轴长 1～8 cm，总花梗长 10～25 cm；花萼钟状，长约 5 mm，被白色长柔毛，具 5 齿；花冠深紫色，旗瓣长 1.5～2 cm，具长瓣柄（图 18.4）。

图 18.4　紫花大翼豆花（付卫东　摄）

果 荚果线形，长 5 ～ 9 cm，宽约 5 mm，顶端具喙尖，具种子 12 ～ 15 颗；种子长圆状椭圆形，长 4 mm，具棕色及黑色大理石花纹，具凹痕（图 18.5）。

图 18.5 紫花大翼豆果（付卫东 摄）

【主要危害】常逸生为杂草，影响原生境植被和生物多样性（图18.6）。

图 18.6　紫花大翼豆危害（付卫东 摄）

【**控制方法**】谨慎引种，防止逃逸后扩散蔓延。野外发现时应及时铲除。

19 | 北美独行菜

【学名】北美独行菜 *Lepidium virginicum* L. 隶属十字花科 Brassicaceae 独行菜属 *Lepidium*。

【别名】星星菜、辣椒根、小白浆。

【起源】北美洲。

【分布】中国分布于黑龙江、吉林、辽宁、陕西、河南、山东、安徽、江苏、浙江、江西、湖北、湖南、福建、广东、甘肃、宁夏、四川、重庆、青海、新疆、贵州、云南及西藏。

【入侵时间】1910 年首次在福建采集到该物种标本。

【入侵生境】常生长荒地或田边等生境。

【形态特征】 一年生或二年生草本植物，植株高 20～50 cm（图 19.1）。

图 19.1 北美独行菜植株
（张国良 摄）

茎 茎直立，中部以上分枝，无毛或有细柔毛（图 19.2）。

图 19.2　北美独行菜茎（张国良　摄）

叶 叶柄长 1 ~ 1.5 cm；基生叶倒披针形，羽状分裂或大头羽裂，裂片大小不等，边缘有锯齿，两面有短伏毛；茎生叶有短柄，倒披针形或线形，长 1.5 ~ 5 cm，宽 2 ~ 10 mm，顶端急尖，边缘有锯齿，基部渐狭，两面无毛（图 19.3）。

图 19.3 北美独行菜茎（王忠辉 摄）

花 总状花序，顶生；萼片椭圆形，长约 1 mm；花小，花瓣白色，倒卵形，和萼片等长或稍长；雄蕊 2 或 4；花柱极短（图 19.4）。

图 19.4 北美独行菜花（张国良 摄）

果 短角果近圆形，长 2～3 mm，宽 1～2 mm，无毛，顶端微凹，近顶端两侧有狭翅，果柄长 2～3 mm；种子卵圆形，长约 1 mm，光滑，红褐色，边缘有透明的狭翅。

北美独行菜、绿独行菜和密花独行菜的形态特征比较表

特征	北美独行菜	绿独行菜	密花独行菜
生活型	一年生或二年生草本植物	一年生或二年生草本植物	一年生或二年生草本植物
茎	通常中部以上分枝，无毛或有细柔毛	绿色，单一，上部呈伞房状分枝或不分枝，很少有下部分枝	通常上部分枝，具疏生柱状短柔毛
叶	基生叶倒披针形；茎生叶有短柄，倒披针形或线形，两面无毛	基生叶具柄，匙状长圆形或长圆形；茎生叶披针形或椭圆状披针形，抱茎	基生叶有柄，叶片长 1.5～3.5 cm，宽 5～10 mm，先端急尖，基部楔形，边缘有不规则深锯齿状缺刻，稀羽状分裂；下部及中部茎生叶有短柄，边缘有锐锯齿，茎上部叶线形，近无柄，具疏锯齿或近全缘，全部叶下面均有柱状短柔毛

续表

特征	北美独行菜	绿独行菜	密花独行菜
花	总状花序，顶生；萼片椭圆形；花瓣白色，倒卵形；雄蕊2或4；花柱极短	总状花序，果期伸长；萼片椭圆形；花瓣白色，倒卵形，有爪；雄蕊6	总状花序，花多数，密生，果期伸长；萼片卵形，长约0.5 mm；花瓣无或退化成丝状，仅为萼片长度的1/2；花柱极短；雄蕊2
果	短角果近圆形；种子卵圆形，光滑，红褐色	短角果广卵形；种子卵形，断面圆三角形，暗褐色	短角果圆状倒卵形或广倒卵形，长2～2.5 mm，顶端圆钝，微缺，有翅，无毛；种子卵形，长约1.5 mm，黄褐色，边缘有不明显或极狭的透明白边，子叶背倚胚根

【**主要危害**】通过养分竞争、空间竞争和化感作用，影响农作物的正常生长，造成减产。另外，北美独行菜是棉蚜、麦蚜、甘蓝霜霉病、白菜病病毒的中间寄主（图19.5）。

图 19.5　北美独行菜危害（张国良 摄）

【**防控措施**】深翻耕地是减少农田中北美独行菜种群数量的有效方法。也可以选择苯磺隆、克阔乐、莠去津、赛克津等常用除草剂防除。

20 弯曲碎米荠

【学名】弯曲碎米荠 *Cardamine flexuosa* With. 隶属十字花科 Brassicaceae 碎米荠属 *Cardamine*。

【别名】高山碎米荠、卵叶弯曲碎米荠、柔弯曲碎米荠、峨眉碎米荠。

【起源】欧洲。

【分布】中国各地均有分布。

【入侵时间】1917年首次在江苏采集到该物种标本。

【入侵生境】生长于农田、路旁、草地、溪边或住宅边等生境。

【形态特征】一年生或二年生草本植物，植株高达30 cm（图 20.1）。

图 20.1　弯曲碎米荠植株（付卫东 摄）

根 节上生不定须根（图 20.2）。

图 20.2　弯曲碎米荠根（付卫东　摄）

茎 茎较曲折，自基部分枝，斜升呈铺散状，表面疏生柔毛（图 20.3）。

图 20.3　弯曲碎米荠茎（付卫东　摄）

叶 羽状复叶；基生叶有柄，叶柄常无缘毛，顶生小叶菱状卵形或倒卵形，先端不裂或 1～3 裂，基部宽楔形，有柄，侧生小叶 2～7 对，较小，1～3 裂，有柄；茎生叶的小叶 2～5 对，倒卵形或窄倒卵形，1～3 裂或全缘，有或无柄，叶两面近无毛（图 20.4）。

图 20.4　弯曲碎米荠叶（付卫东　摄）

20 弯曲碎米荠

花 花序顶生；萼片长约 2.5 mm；花瓣白色，倒卵状楔形，长约 3.5 mm；雄蕊 6，稀 5，花丝细；柱头扁球形（图 20.5）。

图 20.5　弯曲碎米荠花（付卫东　摄）

果 果序轴呈"之"字形曲折；长角果长 1.2～2.5 cm，与果序轴近平行，种子间凹入；果柄长 3～6 mm，斜展；种子长约 1 mm，顶端有极窄的翅（图 20.6）。

图 20.6　弯曲碎米荠果（付卫东　摄）

【主要危害】 弯曲碎米荠为常见的夏收作物田杂草，影响农作物产量（图 20.7）。

图 20.7　弯曲碎米荠危害（付卫东 摄）

【防控措施】 加强农田管理，种前深耕、中耕除草。选择常用除草剂防除。

21 小花山桃草

图 21.1 小花山桃草植株
（付卫东 摄）

【学名】小花山桃草 *Gaura parviflora* Dougl. 隶属柳叶菜科 Onagraceae 山桃草属 *Gaura*。

【起源】北美洲。

【分布】中国分布于天津、河北、河南、山东、安徽、江苏、湖北及福建。

【入侵时间】1930 年 5 月首次在山东烟台采集到该物种标本。

【入侵生境】生长于荒地、路旁、山坡、果园、林地、农田或草地等生境。

【形态特征】一年生或越年生草本植物，植株高可达 1 m（图 21.1）。

根 主根粗壮，直径可达 2 cm（图 21.2）。

图 21.2 小花山桃草根（付卫东 摄）

茎 茎直立，全株密被灰白色长柔毛与腺毛（图 21.3）。

图 21.3 小花山桃草茎（付卫东 摄）

21 小花山桃草

叶 叶互生；叶片卵状披针形，基部渐狭成短柄，边缘有细齿或呈波状（图21.4）。

图 21.4 小花山桃草叶（付卫东 摄）

花 穗状花序，密生，花序较长，多少下垂，紫红色；花萼4裂，反折；花瓣4，匙形，长不超过3 mm；雄蕊8；子房下位，柱头4深裂。

果 蒴果坚果状，纺锤形，长 0.5 ～ 1 cm，具不明显 4 棱。

小花山桃草和山桃草的形态特征比较表

特征	小花山桃草	山桃草
生活型	一年生或越年生草本植物	多年生粗壮草本植物
茎	茎直立，全株密被灰白色长柔毛与腺毛	茎直立，常丛生；常多分枝，入秋变红色，被长柔毛与曲柔毛
叶	叶互生，叶片卵状披针形	叶无柄，椭圆状披针形或倒披针形，长 3 ～ 9 cm，宽 5 ～ 11 mm，向上渐变小，先端锐尖，基部楔形，边缘具远离的齿突或波状齿，两面被近贴生的长柔毛
花	穗状花序，多少下垂；花瓣 4，匙形，长不超过 3 mm；子房下位	花序长穗状，生茎枝顶部，不分枝或有少数分枝，直立，长 20 ～ 50 cm；苞片狭椭圆形、披针形或线形，长 8 ～ 30 mm，宽 2 ～ 5 mm
果	蒴果坚果状，纺锤形	蒴果坚果状，狭纺锤形，长 6 ～ 9 mm，直径 2 ～ 3 mm，熟时褐色，具明显的棱

21 小花山桃草

图 21.5　小花山桃草危害（付卫东 摄）

【主要危害】入侵农田和果园导致农作物和果树减产；入侵铁路及公路等，排斥其他草本植物，形成单一优势群落，减少生物多样性，影响景观；极大地消耗土壤养分，对土壤的可耕性破坏严重，影响其他植物的生长（图 21.5）。

【控制措施】加强检疫。应加强对容易携带小花山桃草籽实的货物、运输工具等检疫。在种子成熟之前铲除小花山桃草植株。可以选择草甘膦等灭生性除草剂在非耕地防除；可以选择莠去津、2 甲 4 氯、乙羧草醚、氯氟吡氧乙酸等除草剂在农田防除。

22 月见草

【学名】月见草 *Oenothera biennis* L. 隶属柳叶菜科 Onagraceae 月见草属 *Oenothera*（图 22.1）。

【别名】夜来香、山芝麻。

【起源】北美洲加拿大与美国东部。

【分布】中国分布于黑龙江、吉林、辽宁、河北、山东、安徽、江苏、浙江、江西、云南及四川。

【入侵时间】1900 年首次在辽宁采集到该物种标本。1953 年出版的《华北经济植物志要》有记载。

【入侵生境】生长于荒地、沙质地、山坡、林缘、河边、湖畔或田边等生境。

【形态特征】二年生直立草本植物，植株高 1～2 m。

图 22.1 月见草植株
（付卫东 摄）

22 月见草

根 根粗壮，肉质。

茎 茎直立，基部木质，疏生软毛；密植主干直立单一；稀植植株分生侧枝一般10余枝，多的达30多枝（图22.2）。

图22.2 月见草茎（付卫东 摄）

叶 叶丛生；具短柄或无柄，披针形，柳叶状或宽或窄，叶边两面被短茸毛，边缘有不整齐稀疏锯齿（图 22.3）。

图 22.3 月见草叶（付卫东 摄）

22 月见草

花 穗状花序；不分枝，或在主序下面具次级侧生花序；两性花；花瓣4裂；单生叶腋，鲜黄色，夜间开放，白天闭合；萼筒长3～4 cm；雄蕊8；雌蕊柱头1，4裂，子房下位（图22.4）。

图 22.4　月见草花（付卫东　摄）

果 蒴果圆柱形或棱柱形，4 室，长 3～4 cm；种子暗褐色，具棱角（图 22.5）。

图 22.5　月见草果（付卫东　摄）

月见草和待宵草的形态特征比较表

特征	月见草	待宵草
生活型	二年生草本植物	一年生或二年生草本植物
根	根粗壮，肉质	具主根
茎	基部木质，疏生软毛	茎不分枝或自莲座状叶丛斜生出分枝，高30～100 cm，被曲柔毛与伸展长毛，上部还混生腺毛
叶	叶片较长且宽；基生叶倒披针形，长10～25 cm，宽2～4.5 cm，边缘疏生不整齐的浅钝齿，叶柄长1.5～3 cm；茎生叶椭圆形至倒披针形，长7～20 cm，宽1～5 cm，边缘每边有5～19枚稀疏钝齿，叶柄长0～15 mm	叶片较短且窄；基生叶倒线状披针形，长10～15 cm，宽0.8～1.2 cm，边缘具远离浅齿；茎生叶无柄，长6～10 cm，宽5～8 mm，边缘每侧有6～10枚齿突，侧脉不明显
萼片	萼片绿色，有时带红色，长1.8～2.2 cm，先端皱缩成尾状，开放时自基部反折，但又在中部上翻	萼片黄绿色，披针形，长1.5～2.5 cm，开花时反折
花瓣	花瓣黄色，不具红斑，长2.5～3 cm	花瓣黄色，基部具红斑，长1.5～2.7 cm
果	蒴果圆柱形或棱柱形；种子暗褐色，具棱角	蒴果圆柱状，长2.5～3.5 cm，直径3～4 mm，被曲柔毛与腺毛

【主要危害】 环境杂草，有时入侵农田。通过排挤其他植物的生长，从而形成密集型的单一优势种群落，威胁当地的生物多样性（图22.6）。

图22.6 月见草危害（付卫东 摄）

【控制措施】 严格控制引种。可以选择草甘膦、氯氟吡氧乙酸等除草剂防除或人工清除。

23 黄花月见草

【学名】黄花月见草 *Oenothera glazioviana* Mich. 隶属柳叶菜科 Onagraceae 月见草属 *Oenothera*（图 23.1）。

【别名】红萼月见草。

【起源】源于栽培或野化于欧洲的 1 个杂交种。

【分布】中国分布于黑龙江、吉林、辽宁、内蒙古、河北、北京、天津、山东、山西、陕西、江苏、安徽、上海、浙江、福建、四川、重庆、贵州、云南及台湾。

【入侵时间】17 世纪经欧洲传入中国，1910 年首次在河南采集到该物种标本。

【入侵生境】生长于荒草地、沙质地、山坡、林缘、河边、湖畔、田边或铁路边等生境。

【形态特征】二年生或多年生草本植物，植株高 70 ～ 150 cm。

图 23.1　黄花月见草植株
（王忠辉　摄）

根 具粗大主根。

茎 直立，直径 6～20 mm，不分枝或分枝，常密被曲柔毛与疏生伸展长毛（毛基红色疱状），在茎枝上部常密混生短腺毛（图 23.2）。

图 23.2　黄花月见草茎（王忠辉　摄）

23 黄花月见草

叶 基生叶莲座状，倒披针形，长 15 ～ 25 cm，宽 4 ～ 5 cm，先端锐尖或稍钝，基部渐狭并下延为翅，边缘自下向上有远离的浅波状齿，侧脉 5 ～ 8 对，白色或红色，上部深绿色至亮绿色，两面被曲柔毛与长毛，叶柄长 3 ～ 4 cm；茎生叶螺旋状互生，狭椭圆形至披针形，自下向上变小，长 5 ～ 13 cm，宽 2.5 ～ 3.5 cm，先端锐尖或稍钝，基部楔形，边缘疏生远离的齿突，侧脉 2 ～ 8 对，毛被同基生叶，叶柄长 2 ～ 15 mm，向上变短（图 23.3）。

图 23.3　黄花月见草叶（王忠辉　摄）

花 花序穗状，生茎、枝顶部，密生曲柔毛、长毛与短腺毛；苞片卵形至披针形，无柄，长 1～3.5 cm，宽 5～12 mm，毛被同花序。花蕾锥状披针形，斜展，长 2.5～4 cm，直径 5～7 mm，顶端具长约 6 mm 的喙；花管长 3.5～5 cm，粗 1～1.3 mm，疏被曲柔毛、长毛与腺毛；萼片黄绿色，狭披针形，长 3～4 cm，宽 5～6 mm，先端尾状，彼此靠合，开花时反折，毛被同花管，但较密；花瓣黄色，宽倒卵形，长 4～5 cm，宽 4～5.2 cm，先端钝圆或微凹；花丝近等长，长 1.8～2.5 cm；花药长 10～12 mm，花粉约 50% 发育；子房绿色，圆柱状，具 4 棱，长 8～12 mm，直径 1.5～2 mm，毛被同萼片；花柱长 5～8 cm，伸出花管部分长 2～3.5 cm；柱头开花时伸出花药，裂片长 5～8 mm（图 23.4）。

图 23.4 黄花月见草花
（王忠辉 摄）

果 蒴果锥状圆柱形，向上变狭，长 2.5～3.5 cm，直径 5～6 mm，具纵棱与红色的槽，毛被同子房，但较稀疏；种子棱形，长 1.3～2 mm，直径 1～1.5 mm，褐色，具棱角，各面具不整齐洼点，有约 1/2 败育（图 23.5）。

图 23.5　黄花月见草果（王忠辉　摄）

【**主要危害**】 黄花月见草为环境杂草，具有一定的入侵性。常入侵草地、果园等生境（图 23.6）。

图 23.6 黄花月见草危害（王忠辉 摄）

【**控制措施**】 严格引种和加强栽培管理。对野外逸生种群应该及时清除。

24 红花月见草

【学名】红花月见草 *Oenothera rosea* L'Her. ex Ait. 隶属柳叶菜科 Onagraceae 月见草属 *Oenothera*。

【别名】粉花月见草。

【起源】美国得克萨斯州南部至墨西哥。

图 24.1　红花月见草植株
（付卫东　摄）

【分布】中国分布于北京、河北、上海、江苏、浙江、江西、广西、云南及贵州。

【入侵时间】1936 年首次在江苏采集到该物种标本。

【入侵生境】生长于路边、荒地、草地或沟边等生境。

【形态特征】多年生草本植物，植株高 30～50 cm（图 24.1）。

根 主根木质，圆柱形。

茎 茎常丛生，上升，多分枝，被曲柔毛，有时混生长柔毛，下部常呈紫红色（图 24.2）。

图 24.2　红花月见草茎（付卫东　摄）

叶 基生叶紧贴地面，倒披针形，长 1.5～4 cm，宽 1～1.5 cm，先端尖锐或钝圆，自中部渐窄或骤窄，并不规则羽状深裂下延至柄，叶柄淡紫色，长 0.5～1.5 cm，开花时基生叶枯萎；茎生叶灰绿色，披针形或长圆状卵形，长 3～6 cm，宽 1～2.2 cm，先端下部的钝状锐尖，中上部的锐尖至渐尖，基部宽楔形并骤缩下延至柄，边缘具齿突，基部细羽状裂，侧脉 6～8 对，两面被曲柔毛，叶柄长 1～2 cm（图 24.3）。

图 24.3 红花月见草叶（付卫东 摄）

花 花单生于茎、枝顶部叶腋；花蕾绿色，锥状圆柱形，长 1.5～2.2 cm，顶端萼齿紧缩成喙；花管淡红色，长 5～8 mm，被曲柔毛，萼片绿色，带红色，披针形，长 6～9 mm，宽 2～2.5 mm，先端萼齿长 1～1.5 mm，背面被曲柔毛，开花时反折再向上翻；花瓣粉红或紫红色，宽倒卵形，长 6～

9 mm，宽 3～4 mm，先端钝圆，具 4～5 对羽状脉；花丝白色至淡紫色，长 5～7 mm；花药粉色至黄色，长圆状线形，长约 3 mm，花粉约 50％发育；子房花期狭椭圆形，长约 8 mm，连同花梗长 6～10 mm，密被曲柔毛；花柱白色，长 8～12 mm，伸出花筒部分长 4～5 mm；柱头红色，围以花药，裂片长约 2 mm，花粉直接授在裂片上（图 24.4）。

图 24.4　红花月见草花（付卫东　摄）

果 蒴果棒状，长 8～10 mm，具 4 条纵翅，翅间具棱，顶端具短喙，果柄长 6～12 mm；种子长圆状倒卵形，长 0.7～0.9 mm，宽 0.3～0.5 mm。

红花月见草和四翅月见草的形态特征比较表

特征	红花月见草	四翅月见草
生活型	多年生草本植物	多年生或一年生草本植物
根	主根木质，圆柱形	具主根
茎	茎常丛生，多分枝，被曲柔毛，有时混生长柔毛，下部常紫红色	茎常丛生，直立或上升，高达 30 cm，基部或上部分枝，被曲柔毛及疏生伸展具疱状基部的长毛
叶	基生叶紧贴地面，倒披针形，叶柄淡紫色；茎生叶灰绿色，披针形或长圆状卵形	基生叶椭圆形或窄倒卵形，长 2.5～3 cm，边缘疏生浅齿突，基部常有羽状裂柄，上部全缘，侧脉 3～5 对，两面与边缘疏生曲柔毛，或近无毛；茎生叶近无柄，窄椭圆形或披针形，长 1.5～7 cm，宽 0.6～2.5 cm，先端锐尖，基部窄楔形，疏生 3～5 对浅齿，下部的深羽状裂状，两面疏生曲柔毛

续表

特征	红花月见草	四翅月见草
花	花蕾绿色；萼片绿色，带红色，披针形；花瓣粉红色或紫色，宽倒卵形	花序总状，生茎枝顶部叶腋；萼片黄绿色，窄披针形，长 1.7～2.2 cm，宽 3～4 mm，开放时反折，再从中部上翻；花瓣白色，受粉后紫红色，宽倒卵形，长 1.5～2.5 cm，宽 1.3～2.3 cm，先端钝圆或微凹；花粉全部发育；柱头长 2～2.5 cm，伸出花筒部分长 1.2～1.4 cm，柱头绿色高出花药，裂片长 2.5～3.5 mm
果	蒴果棒状；种子长圆状倒卵形	蒴果倒卵状，稀棍棒状，长 1～1.5 cm，直径 0.6～1.2 cm，具 4 条纵翅，翅间有白色棱，顶端皱缩成喙，密被伸展长毛；果柄长 1.2～2 cm；种子倒卵状，无棱角，长 0.8～1 mm，直径 0.5～0.6 mm，淡褐色，有整齐洼点

【主要危害】粉花月见草繁殖能力、适应能力强，易形成单一优势种群，侵占公园绿地和草地，人为活动使其远距离传播，具有较大的危害性（图 24.5）。

【控制措施】在植株幼小时，人工铲除根、茎，及时清除土壤中留下的茎段。可以选用草甘膦等除草剂在开花前防治。

图 24.5　红花月见草危害（付卫东　摄）

25 海边月见草

【学名】海边月见草 *Oenothera drummondii* Hook. 隶属柳叶菜科 Onagraceae 月见草属 *Oenothera*。

【别名】海滨月见草、海芙蓉。

【起源】美国大西洋海岸与墨西哥湾沿岸。

【分布】中国分布于福建、江西、广东、海南、香港及台湾。

【入侵时间】1923 年首次在福建采集到该物种标本。

【入侵生境】耐盐碱、耐旱，常生长于沿海沙丘或其他受干扰多的多沙地区。

【形态特征】一年生或多年生草本植物，植株高 20 ~ 50 cm（图 25.1）。

图 25.1　海边月见草植株（付卫东　摄）

25 海边月见草

根 具直径不到 1 cm 的主根。

茎 茎常匍匐在地或稍直立，被白色或带紫色的曲柔毛与长柔毛，有时在上部有腺毛（图 25.2）。

图 25.2 海边月见草茎（付卫东 摄）

农业主要外来入侵植物图谱（第二辑）

叶 基生叶灰绿色，狭倒披针形至椭圆形，长 5 ～ 12 cm，宽 1 ～ 2 cm，先端锐尖，基部渐狭或骤狭至叶柄，边缘疏生浅齿至全缘，两面被白色或紫色的曲柔毛与长柔毛，叶柄 0 ～ 4 mm；茎生叶狭倒卵形至倒披针形，有时椭圆形或卵形，长 3 ～ 7 cm，宽 0.5 ～ 1.8 cm，先端锐尖至浑圆，基部渐狭或骤狭至叶柄，边缘疏生浅齿至全缘，稀在下部呈羽裂状，毛被同基生叶，叶柄长 0 ～ 3 mm（图 25.3）。

图 25.3　海边月见草叶（付卫东 摄）

花 花序穗状，疏生茎、枝顶端，有时下部有少数分枝，通常每日傍晚开1朵花；苞片狭椭圆形至狭倒披针形，长1～5 cm，宽0.5～1.5 cm；花管长2.5～5 cm，直径约1.5 mm，开放前向上曲伸，密被曲柔毛与长柔毛，常混生腺毛；萼片绿色或黄绿色，开放时边缘带红色，披针形，长2～3 cm，毛被同花管，先端游离萼齿长1～3 mm；花瓣黄色，宽倒卵形，长2～4 cm，宽2.5～4.5 cm，先端截形或微凹；花丝长1～2.2 cm，花药长5～12 mm；子房长1.2～2.5 cm，直径约1.5 cm，密被曲柔毛与长柔毛，有时混生腺毛；花柱长5～7 cm，伸出花管部分长2.5～3.5 cm；柱头开花时高过花药，裂片长5～10 mm（图25.4）。

图 25.4　海边月见草花（付卫东　摄）

【果】蒴果圆柱形，长 2.5 ～ 5.5 cm，直径 2 ～ 3 mm；种子椭圆形，长 1 ～ 1.7 mm，直径 0.5 ～ 0.8 mm，褐色，表面具整齐洼点。

【主要危害】海边月见草为环境杂草，繁殖能力强，很快逸为野生，有时入侵农田（图 25.5）。

图 25.5　海边月见草危害（付卫东　摄）

【控制措施】加强管理。对于野外逸生植株应该及时清除。

26 美丽月见草

【学名】 美丽月见草 *Oenothera speciosa* 隶属柳叶菜科 Onagraceae 月见草属 *Oenothera* (图 26.1)。

【别名】 粉晚樱草、红衣丁香、艳红衣来香。

【起源】 美国和墨西哥。

【分布】 中国分布于北京、上海、江苏、安徽、浙江、山东及江西。

【入侵时间】 2004 年首次在江苏采集到该物种标本。

图 26.1　美丽月见草植株（①王忠辉　摄，②付卫东　摄）

【入侵生境】适应性强，耐酸、耐旱，对土壤要求不严，一般中性。常生长于林地、荒地、斜坡、路边或草地等生境。

【形态特征】多年生草本植物，植株高 40～50 cm。

根 具圆柱状粗大主根，直径为 1.5 cm（图 26.2）。

图 26.2　美丽月见草根（王忠辉　摄）

26 美丽月见草

茎 茎常匍匐或稍直立，长 30～55 cm，多分枝，被白色或带紫色的曲柔毛与长柔毛，有时在上部有腺毛（图 26.3）。

图 26.3 美丽月见草茎（①王忠辉 摄，②付卫东 摄）

叶 叶互生；披针形，先端尖，基部楔形，下部有波缘或疏齿，上部近全缘，绿色（图 26.4）。

图 26.4 美丽月见草叶（王忠辉 摄）

花 花单生于枝端叶腋，排成疏穗状，萼管细长。花白至粉红色，花径达 8 cm 以上（图 26.5）。

图 26.5　美丽月见草花（①王忠辉　摄，②付卫东　摄）

果 蒴果棒状，翅间具棱，顶端具短喙，果梗长 6 ~ 12 mm；种子长圆状倒卵形，长 0.7 ~ 0.9 mm，直径 0.3 ~ 0.5 mm。

黄花月见草、海边月见草和美丽月见草的形态特征比较表

特征	黄花月见草	海边月见草	美丽月见草
生活型	二年生或多年生草本植物	一年生或多年生草本植物	多年生草本植物
根	具粗大主根	具直径不到 1 cm 的主根	具圆柱形粗大主根
茎	直立，不分枝或分枝，密被曲柔毛与疏生伸展长毛	茎常匍匐或稍直立，被白色或带紫色的曲柔毛与长柔毛	茎常匍匐或稍直立，多分枝
叶	基生叶莲座状，倒披针形；茎生叶螺旋状互生，狭椭圆形至披针形	基生叶灰绿色，狭倒披针形至椭圆形；茎生叶狭倒卵形至倒披针形，有时椭圆形或卵形	叶互生；披针形
花	花蕾锥状披针形；萼片黄绿色，狭披针形；花瓣黄色，宽倒卵形	苞片狭椭圆形至狭披针形；萼片绿色或黄绿色，开放时边缘带红色；披针形；花瓣黄色，宽倒卵形	花蕾绿色，锥状圆柱形；萼片绿色，带红色，披针形；花瓣粉红色至紫红色，宽倒卵形
果	蒴果锥状圆柱形；种子棱形	蒴果圆柱形；种子椭圆形	蒴果棒形；种子长圆状倒卵形

【主要危害】 美丽月见草为环境杂草，繁殖能力强，成为难于清除的有害杂草，影响生物多样性，有时入侵农田（图 26.6）。

图 26.6　美丽月见草危害（①付卫东 摄，②王忠辉 摄）

【控制措施】 加强管理。对于野外逸生植株应该及时清除。

27 灯笼果

【学名】灯笼果 *Physalis peruviana* L. 隶属茄科 Solanaceae 酸浆属 *Physalis*（图 27.1）。

【别名】小果酸浆、秘鲁苦蘵。

【起源】南美洲。

【分布】中国分布于吉林、江苏、安徽、福建、河南、湖北、广东、四川、重庆、云南及台湾等地。

【入侵时间】1924 年首次在云南丽江采集到该物种标本。

图 27.1 灯笼果植株（张国良 摄）

27 灯笼果

【入侵生境】喜腐殖质较多且疏松的土壤，常生长于农田、路旁或河谷等生境。

【形态特征】多年生草本植物，植株高 45 ～ 90 cm。

根 具匍匐的根状茎。

茎 茎直立，不分枝或少分枝，密生短柔毛（图 27.2）。

图 27.2　灯笼果茎（张国良　摄）

叶 叶较厚，阔卵形或心形，长 6～15 cm，宽 4～10 cm，顶端短渐尖，基部对称心形，全缘或有少数不明显的尖牙齿，两面密生柔毛；叶柄长 2～5 cm，密生柔毛（图 27.3）。

图 27.3　灯笼果叶（张国良　摄）

花 花单独腋生，梗长约 1.5 cm；花萼阔钟状，同花梗一样密生柔毛，长 7～9 mm，裂片披针形，与筒部近等长；花冠阔钟状，长 1.2～1.5 cm，直径 1.5～2 cm，黄色而喉部有紫色斑纹，5 浅裂，裂片近三角形，外面生短柔毛，边缘有睫毛；花丝及花药蓝紫色，花药长约 3 mm（图 27.4）。

图 27.4　灯笼果花（张国良 摄）

果 果萼卵球状，长 2.5 ～ 4 cm，薄纸质，淡绿色或淡黄色，被柔毛；浆果直径 1 ～ 1.5 cm，成熟时黄色；种子黄色，圆盘状，直径约 2 mm（图 27.5）。

图 27.5　灯笼果果（张国良 摄）

【主要危害】为秋熟旱作物田杂草，危害玉米、大豆、烟草等，也常发生于果园，争肥争水（图27.6）。

图 27.6　灯笼果危害（张国良　摄）

【控制措施】入侵玉米田，可以选择百草敌、2甲4氯、烟嘧磺隆等除草剂茎叶处理；入侵大豆田，可以选择三氟羧草醚、氟磺胺草醚、乙羧氟草醚等除草剂茎叶处理；路边可以选择草甘膦等除草剂防除。

28 苦蘵

【学名】苦蘵 *Physalis angulate* L. 隶属茄科 Solanaceae 酸浆属 *Physalis*。

【别名】灯笼草、灯笼果、苦蘵酸浆。

【起源】南美洲。

图 28.1　苦蘵植株（付卫东 摄）

【分布】中国分布于辽宁、河北、河南、山东、甘肃、安徽、浙江、江西、湖北、湖南、福建、四川、广东、广西、海南、贵州、云南、西藏及台湾。

【入侵时间】1910 年首次在浙江采集到该物种标本。

【入侵生境】喜肥沃、疏松土壤，生长于农田、路旁或荒野等生境。

【形态特征】一年生草本植物，植株高 30 ～ 60 cm（图 28.1）。

根 主根明显，无根状茎（图 28.2）。

图 28.2　苦蘵根（付卫东 摄）

茎 茎多分枝，纤细，有棱，疏被短柔毛或近无毛（图 28.3）。

图 28.3　苦蘵茎（付卫东 摄）

28 苦蘵

叶 叶柄长 1～3 cm；叶片卵形或卵状椭圆形，长 3～6 cm，宽 2～4 cm，基部宽楔形或楔形，先端渐尖或尖，全缘或具不等大齿，两面近无毛（图 28.4）。

图 28.4 苦蘵叶（付卫东 摄）

花 花单生于叶腋；花梗长约 5 mm，纤细，被短柔毛；
萼钟状，长约 5 mm，上端 5 裂，裂片披针形或近三角
形，端尖；花冠钟状，淡黄色，喉部具紫色斑纹，长
4 ～ 6 mm，直径 6 ～ 8 mm；花药蓝紫或黄色，长约
1.5 mm（图 28.5）。

图 28.5 苦蘵花（付卫东 摄）

28 苦蘵

果 浆果球形，直径约 8 mm，光滑无毛，黄绿色；外包以膨大的草绿色宿萼，宿萼椭圆状卵形或宽卵形，基部稍凹入，具 5 棱，有细毛；种子肾形或近卵圆形，直径约 2 mm，两侧扁平，淡棕褐色，表面具细网状纹（图 28.6）。

图 28.6 苦蘵果（付卫东 摄）

【**主要危害**】为旱地、住宅旁的主要杂草之一，危害玉米、棉花、大豆等农作物。也发生于路旁和荒野，影响生物多样性（图 28.7）。

图 28.7 苦蘵危害（付卫东 摄）

【**控制措施**】加强检验检疫。入侵玉米田，可以选用阿特拉津、玉降乐等除草剂防除；入侵大豆田，可以选用乙羧氟草醚、氟磺胺草醚除草剂防除；入侵棉花田，可以选用乙氧氟草醚除草剂防除。也可以人工或机械铲除。

29 小酸浆

【学名】小酸浆 *Physalis minima* L. 隶属茄科 Solanaceae 酸浆属 *Physalis*（图 29.1）。

【别名】小灯笼果、水灯笼、天泡草。

【起源】北美洲。

【分布】中国分布于吉林、内蒙古、河北、天津、陕西、江苏、上海、福建、浙江、广西、海南、江西、湖北、

图 29.1　小酸浆植株（张国良　摄）

湖南、贵州及云南。

【入侵时间】1915 年首次在云南金沙江采集到该物种标本。

【入侵生境】喜疏松、肥沃土壤，但也可以在贫瘠土壤上生长，适应性较强，常生长于农田、林缘、草坪或荒地等生境。

【形态特征】一年生草本植物。

根 根细瘦（图 29.2）。

图 29.2 小酸浆根（张国良 摄）

茎 主轴短缩，顶端多二歧分枝，分枝披散而卧于地面或斜升，生短柔毛（图 29.3）。

图 29.3　小酸浆茎（①王忠辉 摄，②③张国良 摄）

🍃 叶柄细弱，长 1～1.5 cm；叶片卵形或卵状披针形，长 2～3 cm，宽 1～1.5 cm，顶端渐尖，基部歪斜楔形，全缘或有少数粗齿，两面脉上有柔毛（图29.4）。

图 29.4　小酸浆叶（张国良 摄）

29 小酸浆

花 花具细弱的花梗，花梗长约 5 mm，生短柔毛；花萼钟状，长 2.5～3 mm，外面生短柔毛，裂片三角形，顶端短渐尖，缘毛密，宿萼膀胱状，具显著 10 条纵棱，棱上疏被短柔毛，网脉明显；花冠黄色，长约 5 mm；花药黄白色，长约 1 mm（图 29.5）。

图 29.5　小酸浆花（张国良　摄）

果 果梗细瘦，长不及 1 cm，俯垂；果萼近球状或卵球状，直径 1～1.5 cm；果实球状，直径约 6 mm；种子浅黄色，肾形，长 1～1.5 mm（图 29.6）。

图 29.6　小酸浆果（①张国良 摄，②王忠辉 摄）

【主要危害】 常见杂草。小酸浆是小麦田、花生田的主要杂草，也是烟草丛顶病的主要寄主（图 29.7）。

图 29.7　小酸浆危害（张国良 摄）

【控制措施】 在路边和果园可以选择草甘膦防除；在玉米、大豆等秋收旱作物田，播前选择氟乐灵土壤处理；在玉米田间可以选择 2 甲 4 氯、烟嘧磺隆等除草剂茎叶处理；在大豆田间则可以选择三氟羧草醚、氟磺胺草醚、乙羧氟草醚等除草剂茎叶处理。

30 假酸浆

【学名】假酸浆 *Nicandra physalodes*（L.）Gaertn. 隶属茄科 Solanaceae 假酸浆属 *Nicandra*。

【别名】鞭打绣球、冰粉。

【起源】南美洲秘鲁。

【分布】中国分布于黑龙江、辽宁、河北、河南、山东、甘肃、安徽、江西、广东、四川、贵州、云南及西藏。

【入侵时间】1929 年首次在四川采集到该物种标本。1964 年出版的《北京植物志》有记载。

【入侵生境】喜肥沃、疏松土壤，生长于田边、路旁、荒地或住宅区等生境。

【形态特征】一年生直立草本植物，植株高 40～150 cm（图 30.1）。

图 30.1 假酸浆植株（王忠辉 摄）

30 假酸浆

根 主根长锥形，须根纤细。

茎 茎直立，棱状圆柱形，有纵棱 4～5 条，绿色，有时带紫色，上部三叉状分枝（图 30.2）。

图 30.2　假酸浆茎（王忠辉 摄）

叶 单叶互生；具叶柄，卵形或椭圆形，草质，长 4～12 cm，宽 2～8 cm，先端渐尖，基部楔形下延，边缘有具圆缺的粗齿或浅裂，两面有稀疏毛（图 30.3）。

图 30.3　假酸浆叶（王忠辉　摄）

花 花单生于叶腋而与叶对生，通常具较叶柄长的花梗，俯垂；花萼5深裂，裂片顶端尖锐，基部心形，果时膀胱状膨大；花冠钟状，浅蓝色，直径4 cm，花筒内面基部有5个紫斑；雄蕊5；子房3～5室（图30.4）。

图 30.4 假酸浆花（王忠辉 摄）

果 浆果球状，直径 1.5～2 cm，黄色；种子淡褐色，直径约 1 mm（图 30.5）。

图 30.5　假酸浆果（王忠辉 摄）

【主要危害】为旱地、住宅旁的杂草之一，也发生于路旁和荒野，影响景观。

【控制措施】严禁作为观赏植物或药用植物引种栽培。入侵荒地或路边生境，可以选用草甘膦等除草剂防除；入侵禾本科农作物田可以选用 2 甲 4 氯、氯氟吡氧乙酸等除草剂防除。

31 喀西茄

【学名】喀西茄 *Solanum aculeatissimum* Jacq. 隶属茄科
Solanaceae 茄属 *Solanum*。

【别名】苦颠茄、苦天茄、刺天茄、毛果茄。

【起源】南美洲巴西。

【分布】中国分布于浙江、江西、福建、广东、广西、
四川、重庆、贵州、云南及西藏。

【入侵时间】19 世纪末在贵州南部发现。

【入侵生境】喜肥沃、疏松土壤，常生长于荒地、路边、
住宅旁或灌丛等生境。

【形态特征】多年生草本或亚灌木植物，植株高 1～2 m
（图 31.1）。

图 31.1 喀西茄植株（付卫东 摄）

茎 全株被硬毛，腺毛及基部宽扁直刺，刺长 0.2 ~ 1.5 cm；茎基部木质化（图 31.2）。

图 31.2 喀西茄茎（①②付卫东 摄，③王忠辉 摄）

31 喀西茄

叶 叶宽卵形，长 6 ～ 15 cm，先端渐尖，基部戟形，5 ～ 7 深裂，裂片边缘不规则齿裂及浅裂；上面沿叶脉毛密，侧脉疏被直刺；叶柄长 3 ～ 7 cm（图 31.3）。

图 31.3 喀西茄叶（①②③ 付卫东 摄，④ 王忠辉 摄）

花 蝎尾状总花序腋外生，花单生或 2～4 朵；花萼钟状，裂片长圆状披针形，长约 5 mm，宽约 1.5 mm，具长喙毛；花冠筒淡黄色，长约 1.5 mm，冠檐白色，裂片披针形，长约 14 mm，宽约 4 mm，具脉纹，开放时先端反折；花药在顶端延长，长 6～7 mm，顶孔向上；子房被微茸毛（图 31.4）。

图 31.4 喀西茄花（①付卫东 摄，②王忠辉 摄）

31 喀西茄

果 浆果球状，直径 2～3 cm，初时绿白色，具绿色花纹，成熟时淡黄色，宿萼被毛及细刺，后逐渐脱落；种子淡黄色，近倒卵形，直径 2～2.8 mm（图 31.5）。

图 31.5　喀西茄果（①②付卫东　摄，③王忠辉　摄）

【主要危害】 为路旁和荒野杂草，影响景观。具刺杂草，
牲畜趋避。植株进入果期含龙葵碱，误食后可导致人类
和牲畜中毒（图 31.6）。

图 31.6 喀西茄危害（①张国良 摄，②③付卫东 摄）

【控制措施】 检验检疫部门应加强对货物、运输工具等携
带喀西茄籽实的检疫。也可以选择草甘膦等除草剂防除。

32 白苞猩猩草

【学名】白苞猩猩草 *Euphorbia heterophylla* L. 隶属大戟科 Euphorbiaceae 大戟属 *Euphorbia*。

【别名】台湾大戟、柳叶大戟。

【起源】北美洲。

【分布】中国分布于天津、河北、山西、上海、江苏、安徽、浙江、福建、山东、河南、湖北、湖南、江西、广东、广西、海南、四川、贵州、云南、陕西、甘肃、澳门及台湾。

【入侵时间】1987 年首次在中国台湾有报道。

【入侵生境】常生长于河边、沟边、田埂、路旁或村庄附近等生境。

图 32.1 白苞猩猩草植株
（付卫东 摄）

【形态特征】多年生草本植物，植株高可达 1 m（图 32.1）。

农业主要外来入侵植物图谱（第二辑）

根 具主根，或大分枝根，根系多数（图32.2）。

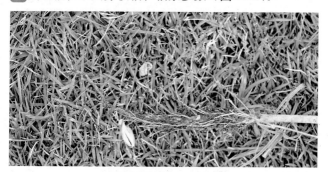

图32.2　白苞猩猩草根（付卫东 摄）

茎 直立，被柔毛（图32.3）。

图32.3　白苞猩猩草茎（付卫东 摄）

🍃叶叶互生；卵形至披针形，长 3 ～ 12 cm，宽 1 ～ 6 cm，顶端尖或渐尖，基部钝至圆，边缘具锯齿或全缘，两面被柔毛；叶柄长 4 ～ 12 cm；苞叶与茎生叶同形，较小，长 2 ～ 5 cm，宽 5 ～ 15 cm，绿色或基部白色（图 32.4）。

图 32.4 白苞猩猩草叶（付卫东 摄）

花 花序单生，聚伞状生于分枝顶部，基部具短柄，无毛；总苞钟状，高 2 ～ 3 mm，直径 1.5 ～ 5 mm，边缘 5 裂，裂片卵形至锯齿状，边缘具毛；腺体常 1 枚，偶 2 枚，杯状，直径 0.5 ～ 1 mm；雄花多数；雌花 1，子房柄不伸出总苞外；子房被疏柔毛；花柱 3，中部以下合生；柱头 2 裂（图 32.5）。

图 32.5　白苞猩猩草花（付卫东 摄）

32 白苞猩猩草

果 蒴果卵球状，长 5 ～ 5.5 mm，直径 3.5 ～ 4 mm，被柔毛；种子棱状卵形，被瘤状突起，灰色至褐色，无种阜（图 32.6）。

图 32.6　白苞猩猩草果（付卫东　摄）

【主要危害】在入侵部分地区已成为杂草，并形成单一优势群落，影响当地生物多样性。全株有毒，乳白色汁液毒性最强，皮肤敏感者应避免接触乳白色汁液（图 32.7）。

图 32.7　白苞猩猩草危害（付卫东 摄）

【控制措施】加强检疫。在花期前拔除；可以选用 2 甲 4 氯、杂草焚等除草剂防除。

33 齿裂大戟

【学名】齿裂大戟 *Euphorbia dentata* Michx. 隶属大戟科 Euphorbiaceae 大戟属 *Euphorbia*（图 33.1）。

【别名】紫斑大戟、齿叶大戟。

【起源】北美洲。

【分布】中国分布于北京、河北、江苏、浙江、湖南、广西及云南。

【入侵时间】20 世纪 70 年代引入中国，1976 年首次在

图 33.1　齿裂大戟植株（①付卫东 摄，②张国良 摄）

北京东北旺药用植物种植场采集到该物种标本。

【入侵生境】喜温暖、潮湿，生长于山坡草地、林缘、杂草丛、路旁或沟边等生境。

【形态特征】一年生草本植物，植株高 20 ～ 50 cm。

根 根纤细，长 7 ～ 10 cm，直径 2 ～ 3 mm，下部多分枝（图 33.2）。

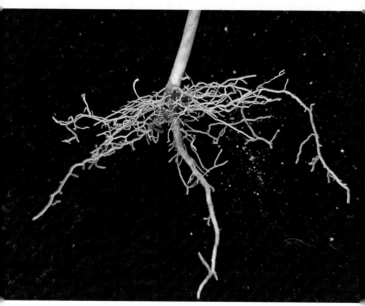

图 33.2　齿裂大戟根（张国良　摄）

33 齿裂大戟

茎 茎单一，上部多分枝，直径 2～5 mm，被柔毛或无毛（图 33.3）。

图 33.3 齿裂大戟茎（①②③付卫东 摄，④张国良 摄）

叶 叶对生；线形至卵形，多变化，长 2～7 cm，宽 5～20 mm，先端尖或钝，基部渐狭；边缘全缘、浅裂至波状齿裂，多变化，两面被毛或无毛；叶柄长 3～20 mm，被柔毛或无毛；总苞叶 2～3 枚，与茎生叶相同；伞幅 2～3 cm，长 2～4 cm；苞叶数枚，与退化叶混生（图 33.4）。

图 33.4　齿裂大戟叶（①②付卫东 摄，③张国良 摄）

33 齿裂大戟

图 33.5 齿裂大戟花（付卫东 摄）

花 花序数枚，聚伞状生于分枝顶部，基部具长 1～4 mm 短柄；总苞钟状，高约 3 mm，直径约 2 mm，边缘 5 裂，裂片三角形，边缘撕裂状；腺体 1 枚，二唇形，生于总苞侧面，淡黄褐色；雄花多数，伸出总苞之外；雌花 1，子房柄与总苞边缘近等长；子房球状，光滑无毛；花柱 3，分离；柱头 2 裂（图 33.5）。

果 蒴果扁球状，长约 4 mm，直径约 5 mm，具 3 个
纵沟；成熟时分裂为 3 个分果；种子卵球状，长约
2 mm，直径 1.5 ~ 2 mm，黑色或褐黑色，表面粗糙，
具不规则瘤状突起，腹面具 1 墨色沟纹；种阜盾状，黄
色，无柄（图 33.6）。

图 33.6 齿裂大戟果（付卫东 摄）

33 齿裂大戟

【主要危害】 齿裂大戟为禾谷类农作物、大豆、玉米、麦类等多种农作物田主要杂草，有毒，被列入《中华人民共和国进境植物检疫性有害生物名录》（图 33.7）。

图 33.7　齿裂大戟危害（付卫东 摄）

【控制措施】 加强检疫和监测。开花前人工拔除或化学清除。

34 | 猩猩草

【学名】猩猩草 *Euphorbia cyathophora* Murr. 隶属大戟科 Euphorbiaceae 大戟属 *Euphorbia*。

【别名】老来娇、草本象牙红、草本一品红。

【起源】美洲热带地区。

【分布】中国分布于浙江、福建、广东、广西、海南、云南及台湾等地。

【入侵时间】1911 年从日本引入中国台湾，1928 年首次在中国台湾高雄采集到该物种标本。

【入侵生境】喜温暖干燥和阳光充足环境，常生长于路边、荒地或草丛等生境。

【形态特征】一年生或多年生草本植物，植株高可达1 m（图 34.1）。

图 34.1 猩猩草植株（付卫东 摄）

根 根圆柱状，直径 2～7 mm。

茎 茎直立，上部多分枝，直径 3～8 mm，光滑无毛（图 34.2）。

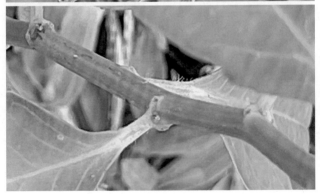

图 34.2　猩猩草茎（付卫东　摄）

叶 叶互生；卵形、椭圆形或卵状椭圆形，先端尖或圆，基部窄，长 3 ～ 10 cm，宽 1 ～ 5 cm，边缘波状分裂或具波状齿或全缘，无毛；叶柄长 1 ～ 3 cm，托叶腺体状；苞叶与茎生叶同形，长 2 ～ 5 cm，宽 1 ～ 2 cm 淡红色或基部红色（图 34.3）。

图 34.3　猩猩草叶（王忠辉　摄）

花 花序单生，数枚聚伞状排列于分枝顶端；总苞钟状，绿色，高 5～6 mm，直径 3～5 mm，边缘 5 裂，裂片三角形，常呈齿状分裂；腺体常 1（2）枚，扁杯状，近二唇形，黄色；雄花多数，常伸出总苞；雌花 1，子房柄伸出总苞外；子房三棱状球形，光滑无毛；花柱 3，分离，柱头 2 浅裂（图 34.4）。

图 34.4　猩猩草花（付卫东 摄）

果 蒴果三棱形球状，长 4.5 ~ 5 mm，直径 3.5 ~ 4 mm，无毛；种子卵状椭圆形，长 2.5 ~ 3 mm，直径 2 ~ 2.5 mm，褐色至黑色，具不规则的小突起，无种阜（图 34.5）。

图 34.5 猩猩草果（付卫东 摄）

【主要危害】 影响当地植物生长和生物多样性。在入侵地部分地区已成为杂草，有进一步蔓延的趋势。

【控制措施】 加强对潜在扩散区域引种栽培的监管，遇见逸生植物及时清除。

35 飞扬草

【学名】飞扬草 *Euphorbia hirta* L. 隶属大戟科 Euphorbiaceae 大戟属 *Euphorbia*。

【别名】大飞扬、乳籽草、节节花。

【起源】非洲热带地区。

【分布】中国分布于浙江、福建、广东、广西、海南、江西、湖北、湖南、四川、重庆、贵州、云南、香港、澳门及台湾。

【入侵时间】1820 年首次在中国澳门采集到该物种标本。

【入侵生境】喜砂壤土环境，常生长于农田、荒地或路旁等生境。

【形态特征】一年生草本植物，植株高 30 ~ 60（70）cm（图 35.1）。

图 35.1 飞扬草植株（付卫东 摄）

根 根纤细，长 3～11 cm，直径 3～5 mm，常不分枝，偶 3～5 分枝。

茎 全株有乳白色汁液；茎基部膝曲状向上斜升，被褐色或黄褐色粗硬毛，不分枝或下部稍有分枝（图 35.2）。

图 35.2 飞扬草茎（付卫东 摄）

叶 单叶对生；披针状长圆形或长椭圆状卵形，长 1 ～ 3 cm，宽 0.5 ～ 1.3 cm，顶端急尖或钝，基部偏斜，边缘有细锯齿，两面被柔毛，背面及沿脉上的毛较密；叶柄极短，长 1 ～ 2 mm，托叶膜质，披针形或线状披针形，边缘刚毛状撕裂，早落（图 35.3）。

图 35.3　飞扬草叶（付卫东　摄）

花 杯状聚伞状花序，多数排成紧密的腋生头状花序；总苞钟状，外面密生短柔毛，顶端 4～5 裂，裂片三角状卵形；腺体 4，近杯状，边缘具白色倒三角形附属物；雄花多数，每枚雄花仅具 1 雄蕊；雌花单生于总苞的中央，仅有 1 个 3 室的子房和 3 枚花柱（图 35.4）。

图 35.4　飞扬草花（付卫东　摄）

果 蒴果三棱状，直径 1 ~ 1.5 mm，被短柔毛；种子为卵状四棱形，棱面有数个纵槽，无种阜。

【主要危害】 常见旱作物田和草坪杂草；全株有害，误食会导致腹泻；为螺旋粉虱寄主植物（图 35.5）。

图 35.5 飞扬草危害（付卫东 摄）

【控制措施】 可以选择 2 甲 4 氯等除草剂防除。

36 通奶草

【学名】通奶草 *Euphorbia hypericifolia* L. 隶属大戟科 Euphorbiaceae 大戟属 *Euphorbia*。

【别名】小飞扬草。

【起源】美洲。

【分布】中国分布于江西、广东、广西、海南、四川、贵州、云南及台湾。

【入侵时间】1861 年在中国香港有分布记录。1917 年首次在广东采集到该物种标本。

【入侵生境】喜疏松肥沃、湿润土壤，常生长于农田、路旁、荒地或田野草丛等生境。

【形态特征】一年生草本植物，植株高 15～30 cm（图 36.1）。

图 36.1 通奶草植株（付卫东 摄）

根 根纤细，长 10 ～ 15 cm，直径 2 ～ 3.5 mm，常不分枝，少数由末端分枝。

茎 茎直立，自基部分枝或不分枝，直径 1 ～ 3 mm，无毛或被少许短柔毛（图 36.2）。

图 36.2 通奶草茎（付卫东 摄）

叶 叶对生；狭长圆形或倒卵形，长 10 ～ 25 mm，宽 4 ～ 8 mm，先端钝或圆，基部圆形，通常偏斜，不对称，边缘全缘或基部以上具细锯齿，上面深绿色，下面淡绿色，有时略带紫红色，两面被稀疏的柔毛，或上面的毛早脱落；叶柄极短，长 1 ～ 2 mm；托叶三角形，分离或合生；苞叶 2 枚，与茎生叶同形（图 36.3）。

图 36.3　通奶草叶（付卫东 摄）

花 花序数个簇生于叶腋或枝顶，每个花序基部具纤细
的柄，柄长 3～5 mm；总苞陀螺状，高与直径各约
1 mm 或稍大，边缘 5 裂，裂片卵状三角形；腺体 4，
边缘具白色或淡粉色附属物；雄花多数，微伸出总苞
外；雌花 1，子房柄长于总苞；子房三棱状，无毛；花
柱 3，分离；柱头 2 浅裂（图 36.4）。

图 36.4　通奶草花（付卫东　摄）

果 蒴果三棱状，长约 1.5 mm，直径约 2 mm，无毛，成熟时分裂为 3 个分果爿；种子卵圆形，具棱状，长约 1.2 mm，直径约 0.8 mm，每个棱面具数个皱纹，无种阜（图 36.5）。

图 36.5　通奶草果（付卫东　摄）

飞扬草和通奶草的形态特征比较表

特征	飞扬草	通奶草
生物型	一年生草本植物	一年生草本植物
根	常不分枝，稀3～5分枝	常不分枝，少数末端分枝
茎	茎基部膝曲状向上斜升，不分枝或下部稍有分枝	茎直立，自基部分枝或不分枝，无毛或被少许短柔毛
叶	单叶对生；披针状长圆形或长椭圆状卵形；叶柄托叶膜质，披针形或线状披针形	叶对生；狭长圆形或倒卵形；叶柄极短；托叶三角形；苞叶2枚，与茎生叶同形
花	杯状聚伞状花序，多数排成紧密的腋生头状花序；总苞钟状；雄花多数；雌花单生于总苞的中央	花序数个簇生于叶腋或枝顶总苞陀螺状；裂片卵状三角形；腺体4；雄花多数，微伸出总苞外；雌花1；子房三棱状
果	蒴果三棱状	蒴果三棱状
种子	卵状四棱形	卵棱状

【**主要危害**】为大豆、甘蔗、棉花等秋熟作物田以及果园、茶园、草坪杂草（图 36.6）。

图 36.6　通奶草危害（付卫东 摄）

【**控制措施**】可以选择氨氟乐灵、恶草灵等除草剂防除，大豆田还可以选择氟磺胺草醚、三氟羧草醚等除草剂茎叶处理或人工清除。

【学名】原野菟丝子 *Cuscuta campestris* Yunck. 隶属旋花科 Convolvulaceae 菟丝子属 *Cuscuta*。

【别名】野地菟丝子。

【起源】北美洲。

【分布】中国分布于浙江、福建、湖南、广东、贵州、新疆、香港及台湾。

【入侵时间】1958 年首次在新疆采集到该物种标本。

【入侵生境】生长于农田、荒地、荒漠或草地等生境。

【形态特征】一年生寄生草本植物（图 37.1）。

图 37.1　原野菟丝子植株（付卫东　摄）

根 根成为吸器侵入寄主（图 37.2）。

图 37.2　原野菟丝子根（付卫东 摄）

37 原野菟丝子

茎 茎丝状，黄色至橙色，直径 0.5～0.8 mm，光滑无毛，缠绕于寄主，与寄主茎接触膨大部分的直径可达 1 mm 或更粗，表面密生小瘤状突起（图 37.3）。

图 37.3 原野菟丝子茎（付卫东 摄）

花 花序侧生；每一花序有花，密集成球形花簇，近无总花序梗；花萼杯状，裂片 5，近圆形，宽过于长；花冠钟状，白色，裂片 5，长约 2.5 mm，宽三角形，顶端稍钝，有时向外反折，边缘呈不规则的长流苏状；子房扁球形；柱头 2，偶 3，柱头头状（图 37.4）。

图 37.4　原野菟丝子花（付卫东　摄）

果 蒴果，扁球形；种子阔椭圆形或椭圆状球形，近似于三面体，黄褐色至黄棕色，长约 1.4 mm，宽约 1.1 mm，表面粗糙，覆毡质颗粒状小点（图 37.5）。

图 37.5　原野菟丝子果（付卫东　摄）

【**主要危害**】原野菟丝子是茎叶寄生杂草，借助吸器固着寄主，吸收寄主的养分和水分；另外，与寄主争夺阳光，致使寄主生长不良、产量与品质降低，甚至成片死亡；此外，原野菟丝子为农作物病虫害提供中间寄主，助长病虫害的发生（图37.6）。

37 原野菟丝子

图 37.6　原野菟丝子危害（付卫东　摄）

【控制措施】加强植物检疫，防止原野菟丝子传播蔓延。在种子成熟前结合农事及时摘除缠绕在寄主上的原野菟丝子茎丝。上一年发生过危害的田块，播种农作物前2～3 d喷乙草胺抑制萌发；或在播种后2～3 d喷施双丁乐灵，阻止原野菟丝子缠绕寄主。

【学名】圆叶牵牛 *Ipomoea purpurea*（L.）Roth 隶属旋花科 Convolvulaceae 番薯属 *Ipomoea*（图 38.1）。

【别名】牵牛花、心叶牵牛、重瓣圆叶牵牛。

【起源】美洲热带地区。

【分布】中国各省（直辖市、自治区）均有分布。

【入侵时间】1890 年在中国已有栽培。1920 年首次在江西采集到该物种标本。

图 38.1　圆叶牵牛植株（①付卫东 摄，②王忠辉 摄）

38 圆叶牵牛

【入侵生境】适应性强，生长于田边、路旁、河谷、平原、山谷、林内或篱笆旁等生境。

【形态特征】一年生缠绕草本植物。

茎 全株被粗硬毛，茎缠绕，多分枝（图38.2）。

图 38.2 圆叶牵牛茎（付卫东 摄）

叶 叶互生；叶片宽卵圆形，顶端渐尖，基部心形，全缘；叶柄长 4 ~ 12 cm（图 38.3）。

图 38.3 圆叶牵牛叶（①②③付卫东 摄，④王忠辉 摄）

38 圆叶牵牛

花 花序有花 1～5 朵；总花梗与叶柄近等长，小花梗伞形，结果时上中膨大；苞片 2，条形；萼片 5，披针形，基部被开展的粗硬毛，不向外反曲；花冠漏斗状，白色、紫色或淡红色，顶端 5 浅裂；雄蕊 5；子房 3 室，每室 2 胚珠；柱头头状，3 裂（图 38.4）。

图 38.4 圆叶牵牛花（①②③付卫东 摄，④王忠辉 摄）

果 蒴果近球形，无毛；种子表面粗糙，长约 5 mm，黑色或暗褐色，卵圆形或三棱状卵形（图 38.5）。

图 38.5　圆叶牵牛蒴果和种子（付卫东　摄）

38 圆叶牵牛

【主要危害】庭院常见杂草，危害草坪和灌木，有时入侵林缘，危害林缘的灌木（图38.6）。

图 38.6 圆叶牵牛危害（①王忠辉 摄，②③④付卫东 摄）

【控制措施】加强植物检疫，防止扩散蔓延。野外发现时，采取人工措施及时铲除。

39 三裂叶薯

【学名】三裂叶薯 *Ipomoea triloba* L. 隶属旋花科 Convolvulaceae 番薯属 *Ipomoea*。

【别名】小花假番薯、红花野牵牛。

【起源】美洲热带地区。

【分布】印度尼西亚、日本、马来西亚、菲律宾、斯里兰卡、泰国、越南等地区引种栽培。中国分布于辽宁、河北、陕西、河南、上海、江苏、安徽、福建、浙江、广东、广西、海南、江西、云南、香港、澳门及台湾等地。

【入侵时间】20 世纪 70 年代左右引入中国台湾，1921 年首次在中国澳门采集到该物种标本。

【入侵生境】生长于田边、路旁、沟旁、宅院、果园、山坡或苗圃等生境。

【形态特征】多年生攀缘草本植物（图 39.1）。

图 39.1　三裂叶薯植株（付卫东 摄）

39 三裂叶薯

根 根系深扎，细根多。

茎 细长，蔓生，缠绕或匍匐，节疏生柔毛（图 39.2）。

图 39.2　三裂叶薯茎（付卫东 摄）

叶 叶宽卵形至圆形，长 2.5 ～ 7 cm，宽 2 ～ 6 cm，全缘或有粗齿或深 3 裂，基部心形，两面无毛或散生疏柔毛；叶柄长 2.5 ～ 6 cm，无毛或有小疣（图 39.3）。

图 39.3　三裂叶薯叶（付卫东 摄）

花　花序腋生，花序梗短或长于叶柄，长 2.5～5.5 cm，较叶柄粗壮，无毛，明显有棱角，顶端具小疣，1 朵花或少花至数朵花呈伞状聚伞花序；花梗多少具棱，有小瘤突，无毛，长 5～7 mm；苞片小，披针状长圆形；萼片近相等或稍不相等，长 5～8 mm，外萼片稍短或近等长，长圆形，钝或锐尖，具小短尖头，背部散生疏柔毛，边缘明显有缘毛，内萼片有时稍宽，椭圆状长圆形，锐尖，具小短尖头，无毛或散生毛；花冠漏斗状，长约 1.5 cm，无毛，淡红色或淡紫红色，冠檐裂片短而钝，有小短尖头；雄蕊内藏，花丝基部有毛；子房有毛（图 39.4）。

图 39.4　三裂叶薯花（付卫东 摄）

果 蒴果近球形,直径5~6 mm,具花柱基形成的细尖,被细刚毛,2室,4瓣裂;种子黑色或暗褐色,长3.5 mm,无毛(图39.5)。

图 39.5　三裂叶薯果(付卫东 摄)

【主要危害】广泛分布于农田、草地、路边、荒地等生境，其匍匐或攀缘茎容易形成单一优势群落而危害到农作物及本地种的生长（图39.6）。

图 39.6　三裂叶薯危害（付卫东 摄）

【控制方法】禁止引种。荒地可以选择草甘膦等除草剂防治，禾本科作物田可以选择 2 甲 4 氯、氯氟吡氧乙酸防治。

40 银花苋

【学名】银花苋 *Gomphrena celosioides* Mart. 隶属苋科 Amaranthaceae 千日红属 *Gomphrena*。

【别名】鸡冠千日红、假千日红、地锦苋。

【起源】美洲热带地区。

【分布】中国分布于福建、广东、广西、海南、香港、澳门及台湾。

【入侵时间】1961 年首次在海南采集到该物种标本。

【入侵生境】喜阳光和潮湿环境，常生长于路边、公园、绿化带、荒地或田边等生境。

【形态特征】一年生草本植物，植株高约 35 cm（图 40.1）。

图 40.1　银花苋植株（张国良　摄）

茎 直立或披散草本，被有贴伏的白色长柔毛（图40.2）。

图40.2 银花苋茎（①付卫东 摄，②张国良 摄）

叶 叶对生；具短柄或几无柄；叶片长椭圆形至近匙形，长 3～5 cm，宽 1～1.5 cm，腹面无毛或疏被贴伏毛，背面被柔毛（图 40.3）。

图 40.3　银花苋叶（①付卫东 摄，②张国良 摄）

花头状花序，顶生，银白色，初呈球状，后呈长圆形，长约 2 cm；无总花梗；苞片宽三角形，长约 3 cm，小苞片白色，长约 6 mm；花被片长约 5 mm，外被白色长柔毛，开花后变硬；雄蕊管稍短于花被片，顶端裂；柱头 2，花柱极短（图 40.4）。

图 40.4　银花苋花（①②付卫东　摄，③张国良　摄）

果 胞果卵圆形，果皮薄膜质；种子凸透镜状，种皮革质。

【主要危害】常入侵耕地、果园、绿化带等生境，危害农林生产，影响园林景观，在野外扩散快，破坏生态平衡（图 40.5）。

图 40.5 银花苋危害（①付卫东 摄，②③王忠辉 摄）

【控制措施】控制引种。野外发现野生植株及时拔除。

41 土荆芥

图 41.1 土荆芥植株
(①张国良 摄,
②付卫东 摄)

【学名】土荆芥 *Dysphania ambrosioides* L. 隶属藜科 Chenopodiaceae 腺毛藜属 *Dysphania*。

【别名】杀虫芥、臭草、鹅脚草、香藜草。

【起源】美洲热带地区。

【分布】中国分布于安徽、江苏、上海、浙江、江西、湖南、湖北、福建、广西、广东、海南、四川、重庆、贵州及台湾。

【入侵时间】1864 年首次在中国台湾台北采集到该物种标本。

【入侵生境】对生长环境要求不严格,生长于路旁、村旁、旷野、田边或沟岸等生境。

【形态特征】一年生或多年生草本植物,植株高 50 ～ 80 cm(图 41.1)。

根 主根倒圆锥形，侧根多，主根和侧根上有多数细根（图41.2）。

图 41.2　土荆芥根（张国良　摄）

41 土荆芥

茎 茎直立，多分枝，具棱，无毛或有腺毛，揉之有强烈芳香气味（图41.3）。

图41.3　土荆芥茎（付卫东 摄）

叶 叶互生；具短柄，长圆状至披针形，长 3 ～ 15 cm，宽 0.5 ～ 5 cm；先端急尖或渐尖，基部渐狭至柄；边缘不整齐锯齿；上部叶渐小，叶背面散生淡黄色腺点，沿叶脉疏生柔毛（图 41.4）。

图 41.4　土荆芥叶（张国良　摄）

41 土荆芥

花 花两性及雌性，3～5朵簇生于苞腋，再组成穗状或圆锥状花序；花被裂片5，绿色；雄蕊5，略长于花被；子房圆形，稍扁，具黄色腺点；柱头3或2～5，丝状（图41.5）。

图 41.5　土荆芥花（张国良　摄）

果 胞果扁球形，包于花被内；种子横生或斜生，红褐色，球形，略扁，直径 0.6 ~ 0.7 mm，有光泽。

【主要危害】路边常见杂草。该物种含有毒的挥发油，对其他植物产生化感作用；同时也是常见的花粉过敏源。有毒，慎内服（图 41.6）。

图 41.6 土荆芥危害（①张国良 摄，②付卫东 摄）

【控制措施】加强植物检疫。可以选择草甘膦、2 甲 4 氯等除草剂防除或人工铲除。

42 假马鞭草

图 42.1 假马鞭草植株
（付卫东 摄）

【学名】假马鞭草 *Stachytarpheta jamaicensis*（L.）Vahl. 隶属马鞭草科 Verbenaceae 假马鞭属 *Stachytarpheta*。

【别名】假败酱、玉龙鞭。

【起源】美洲热带地区。

【分布】中国分布于福建、江西、湖南、广东、广西、海南、云南、香港、澳门及台湾。

【入侵时间】19 世纪末出现在中国香港，1918 年 8 月首次在中国香港采集到该物种标本。

【入侵生境】喜高温、湿润、向阳至荫蔽的环境，耐热、耐旱、耐贫瘠，常生长于山谷溪旁、河边林下、路边、草丛、荒地或村旁等生境。

【形态特征】多年生草本或亚灌木植物，植株高 0.6 ～ 2 m（图 42.1）。

根 根茎短且膨大，逐节生根，根细长，纤维状（图42.2）。

图 42.2　假马鞭草根（付卫东 摄）

42 假马鞭草

茎 茎基部稍木质化，茎、枝二歧状分枝，幼枝近四棱形，疏生短毛（图 42.3）。

图 42.3　假马鞭草茎（张国良　摄）

叶 叶对生；灰绿色或蓝绿色，叶厚纸质，叶片常呈椭
圆形至椭圆状长圆形，长 2.4 ～ 8 cm，先端急尖，基
部楔形，边缘有粗锯齿，两面散生短毛，侧脉 3 ～ 5，
于背面突起；叶柄长 1 ～ 3 cm（图 42.4）。

图 42.4 假马鞭草叶（张国良 摄）

花 穗状花序，顶生，花序轴圆形，粗壮，直立，长
11～29 cm，直径 4～6 mm；花单生于苞腋内，一半
嵌生于花序轴的凹穴中，螺旋状着生；苞片边缘膜质，
有纤毛，先端有芒尖；花萼管状，膜质，透明，无毛，
长 6 mm；花冠深蓝紫色，长 7～12 mm，内面上部
有毛，顶端 5 裂，裂片平展；雄蕊 2，花丝短，花药 2
裂；花柱伸出，柱头头状；子房无毛（图 42.5）。

图 42.5　假马鞭草花（付卫东 摄）

果 果实藏于膜质花萼内，成熟后2瓣裂，每瓣有1粒种子，种子紧贴果皮。

【主要危害】常入侵热带沟谷、森林，影响当地生物多样性（图42.6）。

图 42.6　假马鞭草危害（①②③付卫东　摄，④⑤张国良　摄）

【控制措施】人工防除。

43 柳叶马鞭草

【学名】柳叶马鞭草 *Verbena bonariensis* L. 隶属马鞭草科 Verbenaceae 马鞭草属 *Verbena*。

【别名】长茎马鞭草、南美马鞭草。

【起源】南美洲巴西和阿根廷。

【分布】中国分布于北京、上海、安徽、福建、广东、江西、重庆、四川、贵州、云南、陕西、台湾及香港等地。

【入侵时间】1920 年首次在广东采集到该物种标本。

【入侵生境】喜温暖、湿润气候，不耐寒，较耐热，常生长于路边或荒地等生境。

【形态特征】多年生草本植物，植株高 60 ~ 150 cm（图 43.1）。

图 43.1 柳叶马鞭草植株
（付卫东 摄）

43 柳叶马鞭草

茎 多分枝，茎为四棱形，全株被纤细茸毛（图43.2）。

图 43.2　柳叶马鞭草茎（付卫东　摄）

叶 叶对生；椭圆形或线形或长披针形，如柳叶状，先端尖，基部无柄，绿色；基生叶的边缘通常有粗糙的锯齿和刻痕，通常 3 深裂，裂片的边缘有不规则的锯齿，两边有粗糙的毛（图 43.3）。

图 43.3　柳叶马鞭草叶（付卫东　摄）

43 柳叶马鞭草

花 聚伞穗状花序；小筒状花着生于花葶顶部，顶生或腋生，细长如马鞭；花小，花朵由 5 瓣花瓣组成，花瓣长 4 ~ 8 mm，群生最顶端的花穗上，花冠呈紫红色或淡紫色（图 43.4）。

图 43.4　柳叶马鞭草花（付卫东　摄）

果 果实为蒴果状，长约 0.2 cm，外果皮薄，成熟时开裂，含 4 个小坚果；种子呈三角形或长方形，两端宽度几乎相等，长 1.5 ~ 2 mm，宽 0.5 ~ 0.8 mm，表面粗糙，土黄色或棕黄色，无光泽。

【主要危害】使入侵地生物多样性降低，影响景观；危害当地农作物，降低农作物产量和品质（图 43.5）。

图 43.5　柳叶马鞭草危害（付卫东 摄）

【控制措施】加强引种管理。见到逸生植株在开花前拔除。

44 土人参

【学名】土人参 *Talinum paniculatum* (Jacq.) Gaertn. 隶属马齿苋科 Portulacaceae 土人参属 *Talinum*。

【别名】假人参、土洋参、土高丽参、参草等。

【起源】美洲热带地区。

【分布】中国分布于上海、江苏、安徽、浙江、湖北、湖南、江西、福建、广东、广西、海南、重庆、四川、贵州、云南、香港及台湾。

【入侵时间】16 世纪引入江苏，1905 年首次在福建采集到该物种标本。

【入侵生境】喜阴凉、疏松和肥沃的土壤环境，常生长于花圃、菜地、路边或住宅旁等生境。

【形态特征】多年生草本植物，植株高 40 ～ 100 cm（图 44.1）。

图 44.1　土人参植株（付卫东　摄）

农业主要外来入侵植物图谱（第二辑）

根 根粗壮，圆锥形，直根系，肉质，有分枝，表皮棕褐色，肉棕红色。

茎 茎直立，圆形，肉质，全体无毛（图 44.2）。

图 44.2　土人参茎（付卫东　摄）

44 土人参

叶 单叶，叶互生或近对生；扁平，倒卵形或倒卵状长椭圆形，长 5～7 cm，宽 2.5～3.5 cm，顶端约凹，全缘，肉质光滑（图 44.3）。

图 44.3 土人参叶（付卫东 摄）

花 圆锥花序，顶生或侧生，多分枝，枝呈二叉状，小枝和花梗的基部都有苞片；花淡紫色，花柄纤长；萼片 2，卵圆形，早落；花瓣 5，倒卵形或椭圆形；雄蕊 15 ~ 20；子房上位，球形（图 44.4）。

图 44.4　土人参花（付卫东 摄）

果 蒴果近球形，直径 3 mm，3 瓣裂，坚纸质；种子多数，扁球形，黑色，有光泽，有微细腺点（图 44.5）。

图 44.5　土人参果（付卫东　摄）

【**主要危害**】 一般性杂草，使当地生物多样性降低（图44.6）。

图 44.6　土人参危害（付卫东 摄）

【控制措施】引种过程中严格管理。

45 猫爪藤

【学名】猫爪藤 *Macfadyena unguis-cati* (L.) A. Gentry. 隶属紫葳科 Bignoniaceae 猫爪藤属 *Macfadyena unguis-cati*。

【起源】美洲热带地区。

【分布】中国分布于浙江、湖北、江西、福建、广东、广西、四川、贵州、云南及台湾。

【入侵时间】1840 年从海外引入福建厦门鼓浪屿，1974 年首次在福建厦门采集到该物种标本。

【入侵生境】喜沙质壤土，较耐阴，能抗霜冻、抗旱，常生长于路边、住宅旁或林下等生境。

【形态特征】多年生常绿木质攀缘藤本植物（图 45.1）。

图 45.1　猫爪藤植株（付卫东 摄）

45 猫爪藤

茎 多分枝，借气根攀缘，分枝纤细平滑（图 45.2）。

图 45.2 猫爪藤茎（付卫东 摄）

叶 卷须与叶对生，顶端分裂成3枚钩状卷须；对生叶长圆形，先端渐尖，基部钝（图45.3）。

图 45.3　猫爪藤叶（付卫东 摄）

45 猫爪藤

花 花单生或 2 ～ 5 朵组成圆锥花序，被疏柔毛；钟形花萼先端近乎平截，膜质；花冠黄色，钟状至漏斗状，檐部裂片 5，近圆形，不等长。

果 蒴果长线形，扁平，长达 28 cm，宽 8 ～ 10 mm；隔膜薄，海绵质。

【主要危害】园林树木的一大公害，老藤可绞杀植物，枝叶覆盖树木（图 45.4）。

农业主要外来入侵植物图谱（第二辑）

图 45.4　猫爪藤危害（付卫东　摄）

【控制措施】 避免在天然林附近种植。每年 3—6 月是防除的最佳时间，清除结果植株，清除后可以种植细叶萼距花等替代植物；也可以在基部将藤条切断，在基部切面抹草甘膦；对于铺满地面的猫爪藤，可以选择喷洒草甘膦等除草剂防除。

46 南美天胡荽

【学名】南美天胡荽 *Hydrocotyle verticillata* Thunb. 隶属伞形科 Apiaceae 天胡荽属 *Hydrocotyle*。

【别名】香菇草、铜钱草、钱币草、圆币草、金钱莲等。

【起源】欧洲、北美洲南部及中美洲。

【分布】中国分布于上海、江苏、安徽、浙江、福建、湖南、江西、广东、澳门及台湾。

【入侵时间】1979 年首次在福建采集到该物种标本。

【入侵生境】喜光，喜肥，喜温暖，怕寒冷，对水质要求不严格。常生长于池塘、水沟、河岸、沼泽或草地等生境。

【形态特征】多年生挺水、沼生或湿生草本植物，植株高 10 ~ 45 cm（图 46.1）。

图 46.1 南美天胡荽植株（付卫东 摄）

根 节上密生不定根（图 46.2）。

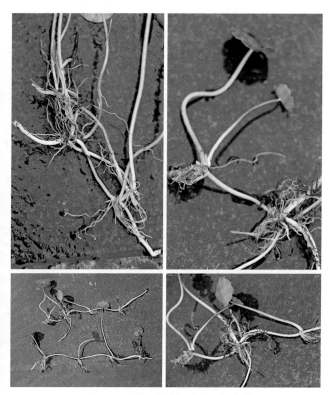

图 46.2　南美天胡荽根（付卫东　摄）

茎 具有蔓生性；根茎发达，多呈网状密集交错生长，节间长 3 ～ 10 cm；非水生状态幼茎节处多膨大，呈不规则块状，近球形，直径 0.6 ～ 1.8 cm（图 46.3）。

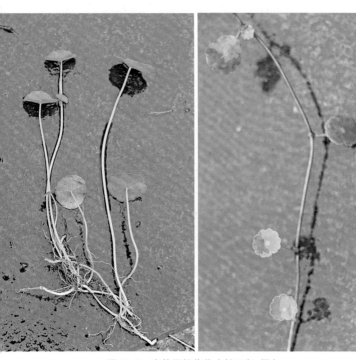

图 46.3　南美天胡荽茎（付卫东　摄）

叶 叶互生；具长柄，圆形，直径3～7 cm；叶缘波状，有钝圆锯齿，叶面油绿具光泽，射出脉13～20条；沉水叶具长柄，圆盾形，直径2～4 cm，叶缘波状，草绿色；幼苗时叶圆形或盾形，背面密被贴生"丁"字形毛，全缘（图46.4）。

图46.4 南美天胡荽叶（付卫东 摄）

46 南美天胡荽

花 伞形花序，总状排列，由 10～50 朵小花组成；花序轴细长，长 10～35 cm，小花梗长 2～6 mm；花两性，小花白粉色；花瓣 5；雄蕊 5；雌蕊 2；子房下位，2 室。

果 分果，长 1～2 mm，宽 2～4 mm，扁圆形，两侧扁平，背棱和中棱明显。

【主要危害】南美天胡荽有着超强的适应能力和繁殖能力，依靠根、茎繁殖，侵占能力强，1 年的繁殖倍数可超过 50 倍，能形成高密度的植株丛成片生长，根除难度很大，排挤其他植物，降低群落生物多样性（图 46.5）。

图 46.5　南美天胡荽危害（付卫东 摄）

【控制措施】南美天胡荽目前危害轻微，但具有潜在的危害性，应加强管理。不可随意丢弃，避免扩散蔓延。严格限制作为观赏和生态修复引种。可以选择 2 甲 4 氯、氯氟吡氧乙酸等除草剂防除。

47 红毛草

【学名】红毛草 *Melinis repens*（Willd.）Zizka 隶属禾本科 Poaceae 糖蜜草属 *Melinis*。

【别名】红茅草、笔仔草、金丝草、文笔草。

【起源】非洲南部。

【分布】中国分布于在福建、江西、广东、广西、海南、云南、香港及台湾。

【入侵时间】20 世纪 50 年代作为牧草引种栽培，在华南地区逸为野生，1955 年首次在广东采集到该物种标本。

【入侵生境】对气候条件和土壤的要求不严格，多生长于河边、山坡草地、公路两侧或荒地等生境。

【形态特征】多年生草本植物，植株高可达 1 m（图 47.1）。

图 47.1 红毛草植株
（张国良 摄）

根 须根发达（图 47.2）。

图 47.2　红毛草根（张国良　摄）

茎 秆直立，常分枝，节间常具疣毛，节具软毛（图47.3）。

图47.3 红毛草茎（张国良 摄）

🍃 叶鞘松弛，大都短于节间，下部散生疣毛；叶舌为长约 1 mm 的柔毛组成；叶片线形，长可达 20 cm，宽 2～5 mm（图 47.4）。

图 47.4 红毛草叶（张国良 摄）

花 圆锥花序，开展，长 10 ～ 15 cm，分枝纤细，长可达 8 cm；小穗柄纤细弯曲，顶端稍膨大，疏生长柔毛；小穗长约 5 mm，常被粉红色绢毛；第 1 颖小，长约为小穗的 1/5，长圆形，具 1 脉，被短硬毛；第 2 颖和第 1 外稃具 5 脉，被疣基长绢毛，顶端微裂，裂片间生 1 短芒；第 1 内稃膜质，具 2 脊，脊上有睫毛；第 2 外稃近软骨质，平滑光亮；雄蕊 3，花药长约 2 mm；花柱分离，柱头羽毛状；鳞被 2，折叠，具 5 脉（图 47.5）。

图 47.5　红毛草花（付卫东 摄）

47 红毛草

果 颖果连带颖片和稃片；种脐点状，基生，胚长为颖果的 1/2 (图 47.6)。

图 47.6 红毛草果（张国良 摄）

【**主要危害**】扩散速度快，常成为优势种并形成景观，对景观和生物多样性造成一定的危害（图 47.7）。

图 47.7　红毛草危害（①②张国良　摄，③④付卫东　摄）

【**控制措施**】加强管理。防止该物种野外逸生，同时对于已经逸生植株应及时清理，并将根状茎拔除。

48 龙珠果

【学名】龙珠果 *Passiflora foetida* L. 隶属西番莲科 Passifloraceae 西番莲属 *Passiflora*。

【别名】香花果、龙珠草、龙须果、假苦果、龙眼果。

【起源】美洲安的列斯群岛。

【分布】中国分布于福建、广西、广东、海南、云南、台湾及香港。

【入侵时间】1928 年首次在海南采集到该物种标本。

【入侵生境】生长于路边、农田、疏林或草坡等生境。

【形态特征】草质藤本植物（图 48.1）。

图 48.1　龙珠果植株（张国良 摄）

农业主要外来入侵植物图谱（第二辑）

茎 茎长数米，柔弱，有臭味，具条纹并被平展柔毛（图 48.2）。

图 48.2 龙珠果茎（①②付卫东 摄，③④⑤张国良 摄）

48 龙珠果

叶 叶膜质，卵形至长圆状卵形，长 6 ~ 10 cm，宽 4 ~ 12 cm，浅 3 裂或波状，具睫毛，先端短尖或渐尖，基部心形，边缘呈不规则波状，两面和叶柄均被柔毛及混生少许腺毛；叶脉羽状；托叶睫毛状分裂，裂片顶端具腺（图 48.3）。

图 48.3 龙珠果叶（①付卫东 摄，②③张国良 摄）

农业主要外来入侵植物图谱（第二辑）

花 花单生；花白色或淡紫色，直径约 5 cm，苞片 3
枚，一至三回羽状分裂，裂片丝状，顶端具腺毛；萼片
长 1.5 cm；花瓣 5，与萼片等长，白色或淡紫色；外
副花冠由 3 列裂片组成；雄蕊 5；子房椭圆球形；花柱
3（4），长 5～6 mm，柱头头状（图 48.4）。

图 48.4　龙珠果花（①付卫东 摄，②③④张国良 摄）

48 龙珠果

果 浆果卵圆球形，直径 2～3 cm，无毛；种子多数，椭圆形，长约 3 mm，草黄色（图 48.5）。

图 48.5　龙珠果果（①付卫东 摄，②③④⑤张国良 摄）

【**主要危害**】常攀附其他植物生长，形成大面积单一优势群落，危害甘蔗等农作物，破坏当地生态系统，造成生物多样性降低（图48.6）。

图 48.6　龙珠果危害（①付卫东 摄，②③④⑤张国良 摄）

【**控制措施**】在结果前清除。可以利用秋耕和春耕，将其根、茎置于干燥环境致死。可以选择草甘膦等内吸传导型除草剂防除。

49 粉绿狐尾藻

【学名】粉绿狐尾藻 Myriophyllum aquaticum（Vell.）Verdc. 隶属小二仙草科 Haloragaceae 狐尾藻属 Myriophyllum。

【别名】大聚藻、大聚草、聚叶狐尾藻。

【起源】南美洲亚马孙河流域。

【分布】中国分布于江苏、上海、浙江、湖北、湖南、江西、广西、云南、贵州及台湾等地。

【入侵时间】1996 年首次在中国台湾台中采集到该物种标本，2011 年在上海采集到该物种标本。

图 49.1　粉绿狐尾藻植株（付卫东 摄）

【入侵生境】在淡水水体里生长，喜温但对温度有广泛的适应性。生长于沟渠、池塘、河流、湖泊或沼泽等生境。

【形态特征】水生多年生草本植物，植株上部挺水，高 10 ～ 20 cm（图 49.1）。

根 根状茎发达，在水底泥巴中蔓延，节部周围生须状根（图 49.2）。

图 49.2　粉绿狐尾藻根（付卫东 摄）

茎 植株亮绿色，在水中可长达数米，形成密集斑块；茎黄绿色，长 2 ~ 5 m，上部挺水匍匐（图 49.3）。

图 49.3　粉绿狐尾藻茎（付卫东 摄）

叶 叶亮绿色或蓝绿色，宽线形至长椭圆形，长 3 ～
3.5 cm，丝状全裂，无叶柄，小裂片 8 ～ 14 对；表面
有柔毛，4 ～ 6 片轮生，远离茎基部，在顶部密集；水
下的叶多腐烂（图 49.4）。

图 49.4　粉绿狐尾藻叶（付卫东 摄）

花 花单生；通常单性，雌雄异株，稀两性；每轮4朵花，花无柄，比叶短；雌花生于水上茎下部叶腋中；萼片与子房合生，顶端4裂，裂片较小，长不到1 mm，卵状三角形；雌花花瓣4，舟状，早落；雌蕊1，子房阔卵形，4室，柱头4裂，裂片三角形，柱头突出，上有许多半透明的白色柔毛；雄花花瓣4，椭圆形，长2～3 mm，早落；雄花的雄蕊8，花药椭圆形，长2 mm，淡黄色，花丝丝状，开花后伸出花冠外。

果 核果，坚果状，广卵形，长3 mm，具4条浅槽，顶端具残存的萼片入花柱。

【主要危害】 在湖面、河道等水体中大量生长，泛滥成灾，进而覆盖水体、阻塞河道，破坏水生生态系统平衡（图49.5）。

【控制措施】 谨慎引种，严格监管。对于发生面积小、种群少的粉绿狐尾藻，可以采用人工打捞，但须清理干净，不留残存片段。可以选择草甘膦、氟氯吡氧乙酸等除草剂防除，但也存在污染水体的风险。

图 49.5　粉绿狐尾藻危害（付卫东　摄）

50 野老鹳草

【学名】野老鹳草 *Geranium carolinianum* L. 隶属牻牛儿
苗科 Geraniaceae 老鹳草属 *Geranium*。

【起源】北美洲。

【分布】中国分布于陕西、
河南、山东、安徽、江苏、
上海、浙江、江西、福建、
湖南、湖北、四川、重庆、
贵州及云南。

【入侵时间】1918 年首次在
江苏采集到该物种标本。

【入侵生境】喜农田肥沃土
壤，生长于荒地、路旁、
沟边、果园或农田等生境。

【形态特征】一年生草本
植物，植株高 30 ~ 40 cm
（图 50.1）。

图 50.1　野老鹳草植株（付卫东 摄）

根 根纤细，单一或分枝（图 50.2）。

图 50.2 野老鹳草根（付卫东 摄）

茎 全株具有细柔毛。茎直立，下部伏卧，带紫红色（图 50.3）。

图 50.3 野老鹳草茎（付卫东 摄）

叶 叶互生；叶片圆肾形，掌状 5 ～ 7 裂近基部，每裂再 3 ～ 5 裂，小裂片顶端尖，两面有柔毛，下面叶脉隆起；幼苗下胚轴很发达，红色；子叶肾形，先端微凹，有突尖，叶基心形，叶缘有睫毛，有叶柄；初生叶与后生叶均为掌状深裂，有明显掌状脉，具长柄（图 50.4）。

图 50.4　野老鹳草叶（付卫东 摄）

花 花淡粉红色，花萼 5，萼片卵形或卵状披针形，顶端芒针状，背面密生柔毛；花瓣 5，顶端略凹陷；雄蕊 10；子房 5 室，花柱 5，联合成喙状（图 50.5）。

图 50.5 野老鹳草花（付卫东 摄）

果 蒴果长棒状，长约 2 cm，每室 1 种子，成熟时果皮瓣由下向上开裂，反卷；种子阔椭圆形，宽 1.3 mm，两端钝圆；种皮红褐色，覆隐约的网纹；种脐微小，圆形，微突；种子无胚乳，胚体淡黄色，子叶与胚根对折。

50 野老鹳草

【主要危害】野老鹳草为麦类、油菜等夏收作物田间和果园杂草，导致农作物减产，已经成为重要的农田杂草（图 50.6）。

图 50.6　野老鹳草危害（付卫东　摄）

【控制措施】加强对进口货物、运输工具和包装携带野老鹳草籽实的检疫。精选农作物种子。麦田可以选择2甲4氯、氯氟吡氧乙酸除草剂防除，油菜田可以选择高特克等除草剂防除。